녹색주의 비판론

녹색주의자들은 어떻게 인류 문명을 파괴하나?

박석순 편역

어문학사

서문
녹색 신종 사기가 끝나길 바라며

지금 우리는 녹색주의자들이 만들어낸 사이비 과학과 정치 이념의 시대에 살고 있다. 기후 위기, 탄소 중립, 생태 전환, 기후 정의, 탄소 배출권 거래제, 기후환경요금, ESG(환경, 사회, 지배구조), RE100(재생에너지 100%), EV100(전기차 100%) 등이 여기에 해당한다. 이 모든 것들은 산업 문명으로 인해 지구가 위기에 처했다며 서방 국가의 녹색주의자들이 만들어냈다. 하지만 그동안 그 허구성이 하나둘씩 밝혀지고, 자유, 진실, 도덕, 시장, 풍요, 건강, 안전, 국방 등과 같은 인간의 보편적·전통적 가치를 중요시하는 보수주의 부활로 녹색주의는 퇴색되기 시작했다. 특히 지난 2025년 1월 20일 미국 트럼프 대통령이 취임 일성으로 "녹색 신종 사기(Green New Scam)" 끝내기를 선언하자, 세계적인 대격변이 일어나고 있다.

이 책은 녹색주의자들의 사이비 과학과 정치 이념에 대한 비판서다. 녹색주의자들이란 "인류사 최고의 현대 문명이 '미래 세대가 살아갈 지구를 착취한 결과'라고 주장하며, 인간의 자유롭고 풍요로운 삶을 통제해야 한다는 자들"을 의미한다. 그들은 자유와 풍요를 추구하는 인간 본능을 악마화하고 자신들의 주장을 의심하거나 반대하는 사람들을 지구를 파괴하는 탐욕적인 자로 낙인찍고 멸시하며 배척한다. 그들은 자유로운 인간은 자연을 파괴하고 풍요로운 삶은 지구를 거주 불능으로 만든다는 인간 악마론에 사로잡혀 있다.

나는 지난 몇십 년 동안 "인간 환경," "부국 환경", "과학 환경"을 외치며 반개발·반산업화·반문명적이고 비과학적인 환경론자들과 투쟁해 왔다. 그리고 나는 "자유로운 인간은 부강한 나라를 만들고, 풍요로운 삶이 환경을 돌본다"라는 자유주의 부국 환경론을 주창하고 전파했다. 이 시기 나는 인간의 화석 연료 사용으로 배출되는 이산화탄소가 지구 온난화를 일으키고 기후 재앙으로 이어진다고 믿었다.

그러다 지난 2017년 미국 트럼프 대통령이 파리기후변화협약을 탈퇴하면서 "지구 온난화는 아주 비싼 완전 사기다"라고 공개 선언하는 것을 보고 지적 호기심에 기후 공부를 시작했다. 이후 역서와 저서를 출간하면서 유럽의 세계기후지성인재단과 미국의 이산화탄소연맹에 초대되어 세계적인 과학자들과 교류하게 됐다. 이러한 학습과 국제 교류를 통해 지금 대기에 증가하는 이산화탄소는 신의 축복이고 기후 위기란 터무니없는 가짜 재앙임을 확신할 수 있게 됐다. 그뿐만 아니라 기후 위기론자들은 내가 그동안 투쟁해왔던 비과학적 환경론자들과

"녹색주의"라는 뿌리를 함께하고 있다는 사실도 알게 됐다.

이 책은 녹색주의자들의 거짓과 위선을 폭로하고, 동시에 그들이 어떻게 인류 문명을 파괴하는지 기술하고 있다. 저술의 시작은 나와 함께 세계기후지성인재단 대사로 활동하고 있는 호주 멜버른대학교 이안 플리머(Ian Plimer) 교수의 저서 『Green Murder: a Life Sentence of Net Zero with No Parole』에서 비롯됐다. 2022년 플리머 교수가 책을 출간했다는 소식을 듣고 아마존에 들어가 검색해봤다. 우선 제목이 "**녹색 살해: 탄소 중립을 사면 없는 종신형에 처한다**"로 너무 충격적이었다. 호기심에 구입하여 훑어봤더니 내용이 나의 환경 철학과 너무 유사했다.

책의 분량이 600쪽에 달하여 번역하기 다소 부담스러웠지만, 평소에 좋은 책을 보면 하던 대로 우선 출판사에 연락하여 한국어 번역권을 구입해뒀다. 책에서 발견한 놀라운 사실은 1,700편에 달하는 참고 문헌과 주석을 증거 자료로 녹색주의를 비판하고 있었다는 점이다. 책 내용의 많은 부분은 그동안 내가 저술 또는 번역한 책과 중복되거나 호주에 관련된 내용이었고, 두꺼운 책 전체를 번역하면 독자들에게 부담이 될 것 같았다.

그래서 플리머 교수의 책을 바탕으로 주요 내용을 재구성하고 많은 자료를 추가하여 독자들이 쉽게 읽을 수 있는 새로운 책으로 편역하게 됐다. 플리머 교수는 자신의 책 전체가 한국어로 번역 출간되지 않음을 아쉬워했고 나 역시 죄송함을 느낀다. 하지만 이 책이 한 단계 성숙한 녹색주의 비판론이 되어 우리 독자들에게 알리고 다시 보완 개선되어 전 세계에 전파될 수 있길 기대한다.

책은 총 4부로 구성했다. 제1부는 산업 문명이 성숙하는 과정에서 녹색주의가 등장하여 오늘날의 사이비 기후 과학을 만들고 종교화로 이어지기까지를 설명하고 있다. 제2부는 석탄을 통한 산업 문명의 시작과 오늘날 서방 국가와 저개발국의 현황, 그리고 중국의 수상한 녹색 전략을 소개하고 있다. 제3부는 종말론의 역사에서부터 반세기 전부터 계속된 녹색주의자들의 반문명적 활동을 기술하고, 제4부는 오늘날 우리 시대를 지배하고 있는 기후 위기와 탄소 중립을 과학적 사실로 통박하고 있다. 각 부 시작 부분에는 책 내용과 관련된 해외 석학들의 견해를 간결하게 정리하고, 지금의 지구 온난화가 인간의 화석 연료 사용으로 인한 것이 아님을 보여주는 네 가지 명백한 증거(중세 온난기, 로마 온난기, 미노안 온난기, 홀로세 기후 최적기)를 소개했다. 에필로그는 이안 플리머 교수의 일생을 이야기하면서 녹색주의자들의 거짓과 위선을 비판하고 있다.

우리나라도 경제가 성장하면서 녹색주의자들이 등장하기 시작했다. 그들은 기후 대재앙, 생물 대멸종, 인류 문명 종말 등으로 공포감을 조성하고 우월한 선지자로 행세하면서 주류 언론을 장악해왔다. 더구나 과학에 무지한 정치인들이 기후 위기와 탄소 중립이라는 녹색 사기에 걸려들어 사회경제적 자살 정책을 무모하게 추진하고 있다. 그 결과 엄청난 국가 예산이 낭비될 뿐만 아니라 개인과 기업이 자유와 재산을 박탈당하며 우리의 아이들은 앞선 세대를 원망하고 있다. 이 책이 지금 우리 사회를 좀먹고 있는 녹색주의를 추방하는 데 크게 기여할 수 있길 바란다.

끝으로 이 책이 나오기까지 도움을 주신 분들께 감사의 뜻을 표한다. 우선 나의 환경 철학과 이념을 함께하며 이를 국민운동으로 승화시키기 위해 노력해주시는 동지들에게 감사드린다. 아울러 나의 저술 활동을 흔쾌히 지원해 주시는 어문학사 윤석전 사장님과 좋은 책을 만들기 위해 열정을 다하는 편집부, 그리고 항상 행복한 지식 여행을 즐길 수 있게 도와주는 분께도 고마움을 전한다. 마지막으로 국가 미래를 위해 너무나 소중한 녹색주의 비판론을 우리 국민에게 알릴 수 있는 이 책의 밑그림을 그려주신 호주의 이안 플리머 교수님께 특별한 감사를 드린다.

2025년 3월
청계산 옛골 자유환경연구원에서
박 석 순

목차

CRITICISM
OF GREENISM

제1부
인류 문명과 녹색주의자

지금 우리는 인류사 최고의 시대에 살고 있다. 하지만 이런 세상을 부정적인 관점에서 바라보는 자들이 있다. 그들은 현대 문명이 미래 세대가 살아갈 지구를 우리가 착취한 결과라고 주장한다. 소위 "녹색주의자"라고 불리는 이들은 자유롭고 풍요로운 삶을 추구하는 인간의 본능을 악마화한다. 그리고 그들은 지구를 구한다는 명분으로 인간의 삶을 통제하는 사회주의를 원한다.

> 기후 변화를 막기 위한 오늘날의 막대한 투자는 역사적인 실수다. 기후 변화의 주원인은 태양 활동과 구름, 해류의 조합이다. 대기 이산화탄소를 줄여서 기후 변화를 막을 수 있다는 생각은 아둔하고 터무니없는 돈 낭비를 가져왔다.
> - 구스 버크하우트(Guus Berkhout, 네덜란드), 세계기후지성인재단 설립자
> <출처: 트럼프는 왜 기후협약에서 탈퇴했나?, 박석순, 세상바로보기, 2025>

지금의 지구 온난화가
인간의 화석 연료 사용으로 인한 것이
아님을 보여주는 증거 1

- 약 1,000년 전 중세 온난기 -

Glacier-buried forests from ~1000 years ago uncover a warm Medieval period

미국 알래스카 멘덴홀 빙하(Mendenhall Glacier)가 녹으면서 드러난 중세 온난기(약 1,000년 전)의 숲: 당시는 지금보다 기온이 높아서 그곳에 숲이 있었다.

자료: Nolan, S., 2013: Ancient forest revealed 1,000 years after being 'entombed' in gravel as Alaskan glacier melts, https://www.dailymail.co.uk/sciencetech/article-2451640/ Mendenhall-Glacier-melting-reveals-ancient-forest.html

제1장
녹색주의자의 출현

인류사를 되돌아보면 극한 빈곤의 삶은 인류 대다수의 운명이었다. 만성적인 영양 결핍과 질병에 시달리며 생존을 위한 사투를 벌여왔다. 19세기 후반까지 이러한 삶은 계속됐고 산업화가 시작되면서 이후 5세대(150년)에 걸쳐 급격한 변화가 일어났다. 이전 2만 세대 동안 극빈 상태로 정체되었던 세계 총생산은 산업화 과정을 거치면서 1,000배가량 증가했고, 1인당 총생산, 건강과 수명, 농업 생산성 등이 크게 향상됐다.

인류 문명의 대변화

이 기간 세계 인구가 급증했음에도 불구하고 식량은 더욱 풍족해지고 저렴해졌으며 영양가도 높아졌다. 그뿐만 아니라 삶의 질, 행복 지수, 학교 교육, 민주주의 국가 수, 여성 정치인, 전기 보급률, 위생 시설 접근성, 휴대 전화 및 인터넷 사용, 국제 관광 등 모든 것이 좋아졌다. 그리고 유아 사망률, 영양 결핍률,

문맹률, 노예제, 독재 정치, 전쟁, 자연재해 사망, 아동 노동 국가, 소득 불평등 등과 같은 인류 사회의 어두운 면은 점점 사라져갔다.[1]

세계는 빈곤에 처한 농촌형 생계 중심 사회에서 풍요로운 도시형 인간 존엄 사회로 변했다. 저렴하고 안정적인 에너지가 가져온 기계화 덕분에 적은 노동력으로도 농작물 재배와 광산 채굴이 가능하게 됐다. 그래서 도시의 사람들도 생활에 필요한 물, 식량, 에너지, 섬유, 금속 등을 어디에서 어떻게 생산할 것인지 상관하지 않고 살아갈 수 있게 됐다.

이 엄청난 변화는 화석 연료에 의해 시작됐다. 19세기에 석탄이 주 에너지원이 되면서 대단한 기술 혁신이 이루어졌다. 에너지 밀도가 높은 석탄은 정체되었던 인류 문명에 혁신의 기폭제가 됐다. 20세기에는 석유가 산업화와 운송 그리고 무역을 주도했고 석탄은 제련에 사용됐다. 또 석탄은 산업 및 가정용 전력 생산에 사용됐다. 20세기에 값싼 석탄화력발전으로 전력이 풍부해지자 경제성장은 가속화됐다. 전기는 경제성장을 증폭시키는 역할을 했다.

지금 우리는 인류사 최고의 시대에 살고 있다. 이런 세상을 이룩하기 위해 고난을 이겨내고 고군분투했던 앞선 세대들에게 우리는 감사해야 한다. 물론, 아직 바로잡아야 하고 잘못된 것들이 많이 있지만, 과거와 비교해본다면 우리는 긍정적이고 낙관적인 미래관만 가질 수밖에 없다.

녹색주의자의 정치 세력화

하지만 이런 세상을 부정적이고 비관적인 관점에서 바라보는 자들이 지난 몇십 년 동안 서방 국가를 중심으로 정치적 세력을 형성하기 시작했다. 그들은 인류사 최고의 현대 문명이 미래 세대가 살아갈 지구를 우리가 착취한 결과라고 주장한다. 그래서 그들은 인간의 자유롭고 풍요로운 삶을 강력하게 통제할 수 있는 사회주의를 원한다. 소위 "녹색주의자"라고 불리는 이들은 "지구를 구하자"를 외치며 자유와 풍요를 추구하는 인간의 본능을 악마화한다. 그리고 그들은 자신들의 주장에 반대하면 지구를 파괴하는 탐욕적 인간으로 낙인찍고 멸시하며 배척한다.

녹색주의자들은 지난 반세기도 넘게 인구 급증, 식량 부족, 환경 오염, 질병 만연, 생물 멸종, 대기근 아사, 지구 냉각화, 지구 온난화, 해수면 상승, 빙하 융해, 기후 붕괴 등과 같은 수많은 예측을 해왔다. 하지만 그들의 예측은 모두 다 틀렸다. 그래도 그들은 여전히 인류 문명의 종말에 관한 새로운 시나리오를 만들어내기 위해 끊임없이 노력하고 있다. 만약 그들이 지금까지 예측한 것 중 단 하나만 맞았더라도 세상은 지금과 같은 상태로 있지 않을 것이다.

그들은 인구 증가와 풍요로운 삶을 증오한다. 지구를 파괴할 것이라는 두려움 때문이다. 그래서 그들은 죽음, 살인, 대재앙, 전체주의, 생활 통제, 자유 구속, 그리고 이념이 다른 사람들을 감옥에 가두거나 처형하는 것과 같은 불건전한 사상에 집착하고 있다.[2, 3, 4, 5] 그들의 사상이 전체주의와 우생학에 뿌리를 두고 있는 점을 고려하면 이러한 사실은 그리 놀라운 일이 아니다. 그들은 지구의 인구를 크게 줄이길 희망한다. 줄여야 할 인구수는 명시하지만, 줄이는 방법에 관해서는 구체적으로 언급하지 않는다.

녹색주의자들은 지식과 논리를 동원하여 설득력 있는 주장을 펼치지 않고 전체주의적 성향에서 비롯된 학대, 위협, 따돌림, 폭력에 의존하고 있다. 그들은 역사의식도 없고, 서구 문명이나 과학에 관한 지식, 자유민주주의, 그리고 비판적 사고도 없다. 또 자신들의 이념이 공산주의 또는 사회주의와 일치한다는 사실에 상관하지 않는다. 그뿐만 아니라 그들은 과거 공산주의와 사회주의 정권의 잔혹성에 대해 아는 것이 없다.

인간 악마론과 기후 위기

녹색주의자들은 자신들의 인간 악마론을 정당화하기 위해 기후 위기라는 가상의 공포를 만들어냈다. 인간의 자유롭고 풍요로운 삶이 지구의 기후를 변화시킨다는 주장이다. 지구 대기에 증가하는 이산화탄소가 지구 온난화를 유발한다는 과학적 증거가 없음에도 화석 연료를 악마화하고 산업 문명을 혐오한다. 그들은 지구를 구하기 위해 화석 연료 사용을 즉시 중단해야 한다고 전 세계를 상대로 선동한다. 하지만 그들은 자신들이 사용하는 에너지 대부분을 화석 연료에 의존하고, 석유로부터 만들어진 5,000개 이상의 제품을 사용하고 있다. 여기에는 그들의 생명을 좌우할 수많은 의약품도 포함된다. 만약 화석 연료가 없다면 그들은 건강과 생명, 그리고 일상생활에 치명적 손상을 입게 될 것이다. 녹색주의자들은 거짓과 위선의 집합체다.

녹색주의자들이 혐오하는 화석 연료 사용은 지구를 더욱 푸르게 변화시키고 있다. 이산화탄소가 식물의 광합성 원료이기 때문이다. 증가하는 대기 이산화탄소로 인해 숲은 더욱 푸르게 변하고 식량 생산도 늘어나고 있다. 단위면적당 농업 생산량이 증가하여 식량 공급량과 산림 면적이 동시에 증가하고 있다. 지금 세계는 더 좁은 땅에서 더 많은 사람이 먹을 식량을 생산하고 있다.

녹색주의자들의 거짓과 위선에도 불구하고 "지구를 살리자"라는 선동 구호에 인류 역사상 가장 자유롭고 풍요로운 삶을 누리는 서방 국가의 순진무구한 대중은 세뇌되고 있다. 많은 서방 국가 정치인들은 녹색주의자들의 거짓 선동에 속아 생명의 물질 이산화탄소를 악마화하고 있다. 그리고 그들은 엄청난 비용을 들여 이산화탄소를 포집하여 격리하고 있으며, 배출 상한을 정하여 사고파는 제도(배출권 거래제)까지 시행하고 있다.

녹색주의자들은 화석 연료가 기후 위기를 불러온다며 재생 에너지 확대를 강력히 주장하고 있다. 하지만 재생에너지는 비싼 가격에 간헐적이고 신뢰할 수 없어 국가 산업을 파괴하고 국민의 삶의 질을 떨어뜨리고 있다. 그들의 정책은 유아 사망률, 수명 단축, 기아와 빈곤, 환경 오염을 유발하며, 치료 가능한 질병을 지속시킬 뿐이다. 그들의 선동 때문에 제3 세계 국가들의 빈곤은 계속되고 서방 국가들도 다시 가난해지고 있다. 녹색주의자들이 목적 달성에 성공한 일부 국가에서는 국가 경제 파탄, 국민 생활 수준 저하, 개인의 자유와 재산 박탈, 에너지 주권 상실 등이 현실로 나타나고 있다.

녹색주의자들은 중국이 세계 최대 이산화탄소 배출국이라는 사실을 애써 외면한다. 또한, 그들은 중국이 기후 위기를 서방 국가에 대항하는 전략적 무기로 사용하고 있다는 사실도 모른 척한다. 그들은 사실상 중국이 서방 국가의 에너지 시스템, 국가 인프라, 식량 생산, 제조업, 국방에 이르기까지 완전한 지배력을 갖도록 도와주고 있다.

교육 시스템 파괴

녹색주의자들은 서방 국가의 교육 시스템도 파괴하고 있다. 그들은 오랜 기간 지구를 구한다는 위선적 기후 선동가를 키우기 위해 초중고와 대학에서 읽지도 쓰지도 못하고, 계산이나 생각, 문제 해결 능력도 없으며 스스로 돌볼 수도 없는 세대를 양산해냈다. 그들은 학생들이 그릇된 이념에 몰입하도록 하여 사고력과 창의력을 결핍시키고 사회 기여와 자존 자립도 불가능하게 만들었다. 그들로 인해 현재 서방 국가에서 학교 교육을 받은 대다수가 인간이 지구를 파괴하고 있다는 자기 혐오증에 빠져 있다.

오늘날 지구는 더욱 푸르게 변하고 있으며, 세계는 점점 더 살기 좋은 곳이 되고 있다. 물, 공기, 토양 등의 환경 오염도 줄어들고 있다. 이는 경제성장으로 축적한 부가 가져온 결과다. 녹색주의자들은 깨끗한 환경을 위하는 척하지만, 실제로는 아무런 기여도 하지 않았다. 그들은 오히려 반환경적이고 위선적이다. 만약 그들이 정말로 인류와 환경을 위한다면, 저렴하고 안정적인 화석 연료와 원자력 발전을 지지해야 한다. 그것이 그들이 누리는 사회보장 시스템, 국가 인프라, 환경 시설 등을 가능하게 하기 때문이다.

녹색주의자들은 지금 우리가 지구상에서 태어난 인간으로서 가장 좋은 시기에 살고 있다는 사실을 무시한다. 그들은 우리를 몇백 년 전의 비참한 시대로 되돌리려 한다. 만약 그들이 반문명적 인간 악마론에 계속 집착하려 한다면, 지난 150년 동안 화석 연료를 기반으로 이룩한 모든 문명의 혜택을 포기해야 한다.

녹색주의자들과 그들을 추종하는 정치인들이나 유명 인사들이 사냥과 채집 무리를 이루며 동굴에서 지속가능한 생활을 한다면, 우리는 그들의 말을 귀담아들을지 모른다. 하지만 그들이 인간의 이산화탄소 배출을 비난하기 위해 개인용 제트비행기를 타고 전 세계를 돌아다니는 한, 그들은 사기꾼이고 위선자들일 뿐이다.

제2장
기후 선동과 유엔

녹색주의자들이 지난 반세기도 넘게 계속해온 수많은 비관적 예측은 모두 실패했다. 그러다 그들은 온실가스인 대기 이산화탄소가 증가하고 동시에 지구 온난화가 일어난다는 사실을 이유로 유엔을 장악하기에 이르렀다. 유엔은 1988년 기후 변화에 관한 정부 간 협의체(IPCC)를 설립했고, 이후 지금까지 기후 선동을 계속하고 있다. 지금 그들은 지구의 기후가 위기라고 주장하며, 인류 문명을 되돌리려 하고 있다.

지구의 기후 변화

지구의 기후는 항상 변해왔다. 고기후학은 지구에 생물이 왕성하게 번성하기 시작한 5억 7천만 년 전까지 기후가 어떻게 변해왔고 그 변화의 원인이 무엇인지 비교적 정확하게 밝혀내고 있다. 고기후학에 따르면 지구 전체가 추위와 더위를 반복하기도 했고, 지역에 따른 큰 변화도 있었다. 스코틀랜드는 한때 사막이었고, 지금 사막인 북아프리카와 호주는 과거 열대 식물로 덮여있었다. 호주와 남아메리카가 남극대륙과 붙어있을 때는 온대 기후의 숲과 초원에서 공룡이 살았다. 또 뉴욕, 시카고, 토론토, 보스톤, 런던, 파리, 베를린 등이 수백 미터가 넘는 두꺼운 얼음층으로 덮였던 시기도 있었다.

과거의 기후 변화는 대륙과 바다의 지각판 움직임, 초신성 폭발, 지구 궤도 및 태양 활동의 변화, 해류 주기 등에 의해 일어났다. 지금 우리는 과거에는 이러한 거대한 행성의 힘이 기후를 변화시켰지만, 이제는 그렇지 않고 대기에 증가한 초미량 가스가 지구의 기후를 변화시킨다고 믿어주길 강요당하고 있다. 녹색주의자들은 터무니없는 사이비 과학으로 유엔을 장악하여 세계 인류를 통제하려 하고 있다.

인간이 배출하는 이산화탄소가 지구 온난화를 일으킨다는 사실은 과학적으로 입증된 적이 없다. 장구한 지구의 역사에서 일어난 여섯 차례의 대빙하기 모두 지금보다 대기 이산화탄소 농도가 훨씬 높을 때 시작됐다. 만약 이산화탄소가 지구 온난화의 원인이라면, 이러한 대빙하기는 어떻게 설명할 것인가?

기온과 이산화탄소는 서로 어떤 영향을 주고, 무엇이 원인이고 무엇이 결과인가? 지구 온난화 혹은 이산화탄소 증가, 어느 것이 먼저 발생하는가? 거의 100만 년 전까지 거슬러 올라가는 남극대륙의 빙하를 이용한 지구의 기후 역사 측정은 대기 이산화탄소가 상승하기 650년에서 1,600년 전에 기온이 먼저 상승했음을 보여준다.[1]

약 3,400만 년 전에 호주와 남아메리카가 남극대륙과 분리되기 시작했다. 이때부터 남극대륙에 얼음이 얼기 시작했다. 그이전에는 지구에 얼음이 없었다. 이후 지구는 점점 추워졌다. 그리고 약 260만 년 전에는 북극해가 얼기 시작했다.[2] 그래서 지금 우리는 남극대륙과 북극해에 얼음이 있는 홍적세 빙하기(Pleistocene Ice Age)에 살고 있다. 빙하기 동안에도 지구 궤도 변화로 인해 빙기(Glacial Period)와 간빙기(Interglacial Period)가 반복되어 왔다. 빙기에는 빙하 면적이 늘어나고 간빙기에는 줄어든다. 지금은 2만 년 전의 최후 빙기(Last Glacial Maximum) 다음에 찾아온 홀로세(Holocene) 간빙기에 해당한다.[3]

지구 온난화 위협

우리가 사는 21세기는 홀로세 간빙기가 시작된 지 약 14,700년이 지난 시점에 있다. 홀로세 간빙기 동안에도 아홉 번의 온난화와 냉각화가 있었다.[4] 과거에 있었던 로마 온난기, 중세 온난기 등은 지금의 현대 온난기보다 더 따뜻했다. 그런데 왜 과거에 있었던 온난기화는 자연 현상이고 지금의 온난화는 인간이 배출하는 극히 미량의 온실가스로 인한 것이라고 하나? 과거에도 태양 활동이 떨어져 혹독한 추위가 있었던 소빙하기가 여러 차례 있었다. 지금 우리는 태양 활동 감소로 인한 새로운 소빙하기 시작에 있다. 그렇다면 녹색주의자들의 지구 온난화 위협은 일방통행 길에서 역주행하는 것이 다름없다.

녹색주의자들은 남극대륙의 해안 빙하가 떨어져 나가는 현상을 지구 온난화 때문이라고 한다. 하지만 그들은 남극대륙의 빙하 아래에 있는 수많은 화산과 열점(Hot Spot)은 숨긴다. 대부분이 휴화산이기는 하지만 그곳에는 활화산과 지구대(Rift System)도 있다.[5] 화산과 지열이 빙하의 융해에 미치는 영향은 무시하고 대기에 0.04%로 존재하는 초미량 이산화탄소가 지구를 파괴하고 있음을 믿으라고 한다. 유엔도 잘사는 나라로부터 기후 기금을 받아내고 더 많은 권력과 돈으로 세계를 통제하기 위해 사이비 과학 전파에 앞장서고 있다.

지구 온실효과의 대부분(90% 이상)은 수증기가 차지하고 이산화탄소는 10% 미만이다. 그리고 대기 이산화탄소는 96.8%는 자연계에서 배출되고 인간의 기여도는 3.2%에 불과하다. 또 지금 대기에 증가하는 이산화탄소의 상당 부분(약 80%)이 바다와 지면에서 방출된다.[6] 더구나 지난 2020년 코로나 방역 시기에 전 세계적으로 인간에 의한 이산화탄소 배출 감축이 있었지만 대기 이산화탄소에는 어떤 변화도 없었음이 입증됐다.[7] 하지만 녹색주의자들은 이산화탄소 배출 규제를 하면 대기 농도가 줄어들고 날씨가 좋아진다고 한다. 그들은 이 터무니없는 사이비 과학을 우리에게 믿으라고 한다.

인간에 의한 이산화탄소 증가에도 황당한 주장이 있다. 예를 들어 호주는 세계 인구의 0.33%에 해당하는 약 2,400만 명이 살아가고 인간에 의한 이산화탄소 배출량 1.3%를 내놓는다.[8] 그래서 호주가 아무리 배출량을 줄여도 지구 대기 이산화탄소 농도에는 어떤 영향도 주지 못한다. 호주보다 14배나 많이 배출하는 미국은 2025년 1월 트럼프 대통령 취임으로 유엔 기후협약을 탈퇴했다. 더구나 26배나 더 많이 배출하는 중국은 줄이기는커녕 증가시키고 있는데 왜 호주는 무엇이든 해야 하나?[9] 한국도 호주와 같은 처지에 있다.

유엔기후변화협약

중국은 유엔기후변화협약에 자신들의 손발이 묶이기보다는 석탄을 사용하여 경제성장을 이룩하겠다는 사실을 분명히 했다.[10] 중국과 인도가 값싼 석탄발전으로 자국민을 빈곤에서 벗어나게 하려는 것은 당연하다. 그들도 유엔기후변화협약이 사이비 과학을 따르고 있다는 사실을 알고 있다. 태양광과 풍력으로 환경과 경제가 함께 좋아진다는 녹색 성장이란 사기일 수밖에 없음이 이미 서방 국가에서 입증됐다. 그들은 서방 국가들이 자국의 경제적 희생을 감수하면서 이산화탄소 배출량을 줄이기 위해 노력해준다면 감사할 뿐이다. 정치적 기만으로 체결된 유엔기후변화협약은 절대로 지켜질 수가 없다.

농산물과 광산물을 수출하는 호주와 같은 나라에 가해지는 유엔 기후 규제에는 또 다른 문제가 있다. 호주의 온실가스 배출은 자국민의 활동을 비롯하여 전 세계 8천만 명의 식량, 그리고 금속 및 광석 생산으로 인해 발생한다. 호주는 상당량의 정제 알루미늄, 아연, 납, 구리, 니켈, 금을 수출하고 있다. 따라서 이러한 농산물과 광산물을 수입하여 사용하는 국가들의 1인당 배출량은 호주로 인해 줄어들게 된다. 호주에서 농업, 광업,

제련, 정제 과정에서 화석 연료를 사용하여 이산화탄소 배출이 발생했기 때문이다.

중국은 인도, 한국 등과 함께 "개발도상국"이라는 이유로 1997년의 교토의정서에 따른 이산화탄소 배출량 감축 의무를 면제받았다.[11] 하지만 중국은 경제적으로나 군사적으로 강대국이 되면서 이산화탄소 배출량이 급증했다. 중국은 많은 국민이 빈곤에 시달리는 후진국이라고 주장하지만, 핵무기를 비롯한 세계 최대의 군사력을 보유하고 있으며, 달과 화성에 탐사선을 착륙시킨 세계 2위의 경제 대국이다. 인도 역시 핵무기와 대규모 군대를 보유하고 우주 개발도 추진하는 등 강대국의 면모를 갖추었다. 그런데도 이들이 여전히 "개발도상국" 지위를 유지하며 기후협약의 규제를 받지 않는 것은 명백한 모순이다.

중국은 다양성을 허용하지 않는 전체주의 국가이며 국내는 물론 국외에서도 자국의 반대 세력을 탄압하고 있다. 중국은 지금도 사회주의 세계화라는 꿈을 버리지 못하고 있다. 또 지구상의 다른 어떤 국가보다 더 많은 석탄 화력 발전소를 건설하고 있음에도 불구하고 2015년에 채택된 파리기후협약이 요구하는 가혹한 재정적 부담에서 면제된 채로 남아 있다.

코로나19 이후 세계 경제가 회복되면서 석탄 사용이 다시 증가했고, 이에 따라 세계 이산화탄소 배출량도 급증했다.[12] 심지어 미국조차 2021년 석탄 생산량을 늘렸는데, 이는 가스 가격 인상으로 인해 석탄 수요가 증가했기 때문이다. 이는 바이든 대통령이 파리기후협약에 재가입했음에도 불구하고 일어난 일이

다. 이처럼 기후협약을 지키겠다는 정치적 선언과 실제 정책 사이에는 상당한 괴리가 존재한다.[13]

파리기후협약은 구속력이 없으며 실질적인 효과도 없다. 협약에 서명한 195개국 중 단 3개국(마셜 제도, 수리남, 노르웨이)만이 2019년 감축 목표를 충족했으며, 이들 국가의 배출량은 전 세계 총량의 0.1%에 불과하다.[14] 현재 세계 어떤 나라보다 연간 배출량이 많은 중국의 파리협약 대책은 그동안 해온 것과 같이 계속 온실가스를 배출하는 것이다. 어느 나라가 국민 세금으로 대표단을 아무런 의미 없는 당사국 총회(COP: Conference of the Parties)에 보내 화장실 휴지에 서명하려고 하겠는가?

파리기후협약에 대해 과민할 필요는 없다. 협약에 서명한 나라들은 나라마다 약속 사항이 다양하며, 각 나라는 자체적으로 약속 사항과 기한을 자유롭게 결정할 수 있다. 또 정치인들이 국제회의에서 세계적인 주목을 받을 때 한 말과 그들이 실제로 자국에서 시행하는 정책 사이에는 큰 차이가 있다. IPCC는 약속을 준수하도록 강제할 권한이 없으며 심지어 그 약속을 지키는데 필요한 비용조차 알지 못한다.[15]

현재 모든 새로운 배출량의 90% 이상이 파리기후협약에서 면제된 국가에서 발생하고 있다.[16] 유엔은 대부분 국가가 파리협약을 무시하기 때문에 다소 민감한 반응을 보이지만 할 수 있는 일이 없다. 주권 국가가 자국의 이익을 추구하고 경제를 보호하며 다른 국가와 똑같이 행동하지 않는다는 것이 당연하지 않나! 파리기후협약을 지키려는 국가는 녹색주의자들의 선동에 휘둘리기 때문이며, 그 결과 경제적 손실을 자초하고 있을 뿐이다.

인간 생존과 기후

인간은 이미 다양한 기후에 적응하여 살아왔다. 그래서 기후 변화는 적응의 문제이지 생존에 직접적인 위협이 된다고 할 수 없다. 인간에게 이상적인 기후란 없다. 에스키모가 선호하는 기후는 베두인(Bedouin: 아랍 유목인)이나 보르네오섬(Borneo)에서 자급자족하는 사냥꾼들이 선호하는 기후와는 사뭇 다르다. 인간은 적응하는 동물이다. 인간은 에너지와 기술의 혁신으로 영하 50°C에서 영상 50°C에 이르는 지역에서도 살아남을 수 있음이 이미 입증됐다.

녹색주의자들이 지구의 기후를 반산업문명 선동에 이용하기 전까지 지구과학에는 고기후학을 비롯하여 20세기 기후 변화에 이르기까지 많은 과학적 논의가 포함되어 있었다. 18세기, 19세기, 그리고 20세기 초에 나온 지구과학 교과서들이 이를 확인시켜 주고 있다. 또 지구과학자들은 오늘날의 공포를 자극하는 기후 과학이 만들어지기 전에는 250년 이상의 진짜 기후 과학을 연구하고 있었다. 하지만 녹색주의자들로 인해 지금은 기후 과학이 사이비 과학으로 전락하고 말았다.

제3장
사이비 기후 과학

우리는 모두 좋은 환경과 더 나은 세상을 원하고 있다. 환경 오염은 살생을 부른다. 아무도 물과 공기, 그리고 토양이 오염되는 것을 원하지 않는다. 하지만 인간이 사는 곳에 오염은 발생하고 부유한 나라는 이를 해결하고 있다. 그래서 부유한 나라는 더 좋은 환경을 갖게 됐다. 모든 통계 지표가 이를 보여주고 있다. 하지만 부유한 나라들이 지금 기후 위기라는 사이비 과학 때문에 경제 위기를 초래하고 있다. 경제 위기는 진짜 환경 위기를 부르게 된다.

이산화탄소가 오염물질?

이산화탄소가 왜 문제가 되나? 이산화탄소는 식물의 영양분이다. 이산화탄소는 오염물질이 아니고 지구 생명을 위한 축복이다. 우리가 숨을 쉬면서 산소를 들이마시고 이산화탄소를 내뿜는데, 어떻게 위험할 수 있나? 함께 살아가는 부모, 자식, 친구, 동료가 대기 농도 100배에 달하는 이산화탄소(약 40,000ppm)를 날숨으로 뿜어낸다. 그렇다면 그들이 오염자인가? 나 또한 그들에게는 오염자인가? 햇빛과 물, 그리고 이산화탄소가 없다면 지구에는 생명체가 존재할 수 없다. 이산화탄소는 지구 생명체에 유익하다. "탄소 오염(Carbon Pollution)"이라는 용어를 사용하면서 이산화탄소를 오염물질이라고 부르는 것은 사기다. 더구나 이것은 인간이 서로를 혐오하게 만드는 사회 불신 조장 범죄다.

다이아몬드를 제외한 모든 형태의 탄소는 검은색이다. 이 책을 인쇄한 잉크도 탄소다. 그래서 검은색이다. 지구 대기에 증가하는 이산화탄소가 탄소 오염이라면 하늘에는 반짝이는 다이아몬드가 있거나 검은색으로 변해야 할 것이다. 실내 공기에는 실외 대기보다 2~3배 높은 이산화탄소가 있다. 그래서 모든 현대인은 탄소 오염 공간에서 살아가나? "탄소 오염"은 녹색주의자들이 일반인들을 오도하고 속이기 위해 만들어낸 사기성 용어다.

공기 중의 이산화탄소는 초미량 가스(0.04%)이며 주요 가스는 질소(78%), 산소(21%), 아르곤(1%가량)이다. 공기 중에는 초미량 온실가스인 이산화탄소보다 수증기가 훨씬 많다. 그리고 대기 온실효과 90% 이상이 수증기로 인한 것이다.

사람이 거주하는 방의 공기에는 보통 0.1%의 이산화탄소가 있다.[1] 미국 핵 잠수함에는 0.2~0.5%의 이산화탄소가 있고 잠수함 선원들의 체험 결과 1.5%일 때에도 아무런 문제가 없었다.[2] 일부 석회암 동굴에는 1%의 이산화탄소가 있고[3] 토양에는 이산화탄소 농도가 매우 다양하며 1% 이상일 수 있다.[4] 우리가 내쉬는 날숨에는 4% 이상의 이산화탄소가 들어있다. 지구에 증가하는 인구와 발달하는 문명이 더 많은 이산화탄소를 방출하면 식물은 태양에너지를 이용하여 다시 우리가 원하는 산소와 탄수화물을 되돌려준다. 이것은 지구의 동물과 식물이 서로 주고받는 호혜 작용이다. 녹색주의자들은 이를 교묘하게 속여 기후 종말론을 만들었다.

식량 증산 효과

이산화탄소 증가가 식물에 긍정적인 영향을 나타내는 것을 입증하는 수천 개의 연구 결과가 있다. 실제로 식물이 왕성하게 번성하려면 지금의 대기 이산화탄소 농도가 두 배 이상이 되는 것이 좋다. 한 연구에 따르면 1961년부터 2011년까지 전 세계 식량 생산량의 95%를 차지하는 45가지 작물에서 대기 이산화탄소 농도 증가로 광합성량이 크게 늘어난 것으로 밝혀졌다. 이 연구는 이산화탄소 증가로 인한 금전적 가치가 1961년에 227억 달러였던 것이 2011년에는 1,700억 달러 이상이 됐으며, 그 총액이 1961년부터 2011년까지 50년 동안 약 3조 9,000억 달러에 이르렀다는 계산 결과를 밝혔다.[5]

2021년 9월 2일에 발표된 유엔 식품 및 농업 통계에 따르면, 세계 곡물 생산은 날씨에 상관없이 계속 증가하고 있으며, 2021~2022년에는 2020~2021년 대비 4,010만 톤 더 생산될

제1부 인류 문명과 녹색주의자

것으로 추정했다. 하지만 미국 CNN 방송은 수확량 기록과는 반대로 기후 위기로 인해 농작물 수확량이 저조해져 식품 가격이 상승하고 "극단적인" 기후가 앞으로 계속될 것이라고 주장했다.[6] 스마트폰으로 30초만 검색해봐도 CNN 기자들은 자신들의 기사가 가짜 뉴스에 해당한다는 사실을 알 수 있었을 것이다. 지금 우리 사회는 기후 위기가 아니라 언론의 신뢰성이나 정직성 위기에 처해 있는 것이다.

수십 년 동안 원예농업을 해온 농부들은 수확량을 늘리기 위해 화석 연료를 태워 온실 내부로 배기가스를 방출해왔다. 이유는 배기가스는 따뜻하고 이산화탄소가 풍부하며 수증기를 포함하고 있어 식물이 더 잘 자라며 더 빠르고 크게 성장하기 때문이다. 녹색주의자들은 이산화탄소의 이러한 성질과 온실 농법을 왜 모른 척할까?

녹색주의들은 증가하는 이산화탄소로 식량 증산이 일어나는 것을 보면서도 기후 위기라고 주장하고 있다. 기후에 가장 민감하게 반응하는 것이 농작물인데 정말 위기라면 증가가 아니고 감소해야 하지 않나? 기후 비상사태, 기후 위기 또는 기후 재앙이란 없다. 녹색주의자들이 기후 위기, 기후 비상사태, 기후 대재앙과 같은 말들은 스스럼없이 하고 있지만 어떤 언론도 그들에게 "증명할 수 있나?"라고 따지지 않는다.

지구 녹색화

1982년부터 2009년까지 전 세계 식생 면적의 25~50%에 이르는 육지에 광범위한 녹화가 이루어졌다.[7] 이 녹화의 70%는 이산화탄소 시비 효과로 인한 것이고 8%는 지구 온난화 효과다. 대기 이산화탄소 증가로 초목의 잎 면적이 11% 증가한 것을 확인한 위성사진도 있다.[8]

2016년 학술지 『Nature Climate Change』 논문은 식물이 성장하는 계절 동안 이산화탄소 시비 효과로 전 세계 식생 지역의 잎 면적이 25%에서 50%가량 증가했음을 보여주고 있다. 또 관찰된 녹화 추세의 79%는 이산화탄소, 그리고 8%는 기후 변화로 추정하고 있다. 이 8%는 주로 고위도 지역과 티베트 고원에서 나타난 현상으로 밝혀졌다.[9] 전 세계 숲은 대기 이산화탄소 함량이 30ppm 증가함에 따라 탄소 포집률이 2.8배 높아졌다.[10] 증가한 대기 이산화탄소 농도로 인해 침엽수는 130%, 낙엽수는 49%의 바이오매스가 장기간에 걸쳐 증가했다.[11]

식물 성장 데이터베이스는 대기에 미량씩 증가한 이산화탄소가 모든 식물에 유익했음을 보여주고 있다.[12] 이러한 긍정적인 영향은 작물 수확량, 위성 관측, 온실 실험으로 확인됐다. 일부 시아노박테리아는 이산화탄소가 높을 때 항산화와 항균 그리고 유전자 변이 저항 효과가 강화된 특성을 보여준다. 이산화탄소 증가로 인한 녹화 현상은 녹색주의자들의 지구 온난화 이론과는 반대로 지표면을 냉각시키기도 했다.

미국 뉴잉글랜드 지방에 있는 하버드 장기 숲 생태 연구(Harvard Forest Long-Term Ecological Research) 지역에서 나온 데이터에 따르면 이산화탄소 포집률이 1992년에서 2015년 사이에 거의 두 배가 된 것으로 나타났다. 이 연구 결과에 대하여 뉴스 매체 유레카알러트(Eurekalert)는 다음과 같이 보도했다: "과학자들은 증가한 포집량의 상당 부분이 수령 100년 넘은 참나무의 성장에 기인한 것으로 추정한다. 즉, 미국 독립 이전에 있었던 토지 개간, 집약적인 벌목, 1938년의 허리케인 파손으로부터 생태계는 여전히 활기차게 회복하는 중이다. 최근 기후 변화로 인해 나무의 생육 기간이 길어지고 기온이 상승함으로써 이산화탄소 포집률은 더욱 강화됐다. 또 강수량과 대기 이산화탄소의 지역적 증가로 인해 나무가 더 빨리 성장하고 있으며, 오존, 황, 질소와 같은 대기오염 물질의 감소로 인해 산림 스트레스도 줄었다. … 나무의 성장 속도는 느려질 기미가 없다." 이산화탄소가 모든 식물을 더 빠르게 성장할 수 있게 한다는 이론은 장기간 관측된 데이터로 분명하게 확인되고 있다.

광합성에 의한 이산화탄소 고정률이 1900년 이후 전 세계적으로 31% 상승했음이 식물잎 관찰 연구로도 밝혀졌다.[13] 미항공우주국(NASA)이 발표한 세계 식생 지수는 지구의 빠른 녹화를 보여주고 있다.[14] 식생 지수는 지난 20년간 10% 상승했으며 이 기간 사하라 사막은 약 70만km^2 줄어들었다.

미국의 위성 랜드샛(Landsat) 데이터를 이용한 연구에서는 온난해진 공기, 높은 토양 수분 함량, 이산화탄소의 시비 효과로 인해 식물 성장이 증가하여 북극 지역이 더욱 푸르러졌음이 밝혀졌다.[15] 언론은 이 연구를 다음과 같은 뉴스로 보도하고 있다: "툰드라 지역의 식물상이 바뀌면 특정 식물에 의존하는 야생

동물뿐만 아니라 그 지역에 살면서 지역 생태계에서 식량을 구하는 사람들에게도 영향을 미친다. 왕성하게 성장하는 식물들이 대기로부터 더 많은 탄소를 흡수하는 반면, 따뜻한 기온 또한 영구동토층을 녹이며 온실가스를 방출하고 있다. … 1985년과 2016년 사이에, 알래스카, 캐나다, 그리고 서부 유라시아 전역의 툰드라 지역 약 38%가 녹화되고 있음이 나타났다. 오직 3%만이 반대로 식물 성장이 활발하지 않음을 의미하는 갈색으로 변하고 있음을 보였다."

캐나다 "과학의 친구들(Friends of Science)"이 발간하는 소식지가 2020년 3월에 검토한 논문에 따르면 1900년 이후 지구의 총 1차 생산량(GPP: Gross Primary Production)이 35% 증가했으며, 이는 주로 이산화탄소 농도 증가에 기인하는 것으로 나타났다. 이 시기 누적된 생물 탄소 흡수량은 인간이 17년 동안 배출한 이산화탄소량과 같은 것으로 밝혀졌다.

2019년 학술지 『Nature Reviews』에 게재된 또 다른 연구는 1980년 이후 인간이 배출한 이산화탄소 배출량의 29%가 지구의 녹화로 인해 상쇄됐음을 밝혔다.[16] 수분 증발로 인한 냉각화 효과는 지표면 녹화에 의한 햇빛 반사율(알베도) 감소로 인한 온난화 효과보다 9배나 더 크다. 지구가 따뜻해지면서 한대 지역과 북극 지방에서 지표면 녹화 현상이 뚜렷하게 나타나고 있다.[17]

증가하는 대기 이산화탄소는 식물의 광합성과 지구 녹화를 가속화하고, 식물이 잎의 기공을 좁게 여닫음으로써 물 사용

효율성을 높인다. 지면의 탄소 흡수량 추세는 1990년대 후반부터 더욱 가속화됐다. 1998년부터 2012년까지 이산화탄소 흡수율은 1980년부터 1988년까지의 3배에 달했다.[18]

녹색주의자들은 인간이 지구를 파괴하고 있음을 알리려고 열심히 노력해왔다. 그런데 지구가 점점 푸르게 변하자 그들은 이를 애써 모른 척하고 있다. 더구나 초목이 왕성하게 성장하는 현상을 보면서 이산화탄소를 오염물질로 표현하여 이 시대 최악의 과학 사기라는 범죄를 저지르고 있다. 이 사기극에 동참하거나 침묵하는 과학자들은 학계에서 영원히 추방되는 처벌을 받아야 마땅하다.

제4장
사이비 기후 종교

사이비 과학은 사이비 종교를 만들었다. 녹색주의자들은 반산업문명, 반화석연료, 반자본주의, 그리고 인간 악마론을 이념으로 하는 사이비 종교에 빠져있다. 그들은 석탄과 석유는 시추에서부터 사용에 이르기까지 필사적으로 막는다. 그들은 자신의 의식주 상당 부분을 석탄과 석유에 의존하고 있음에도 불구하고 합리적인 사고가 어려워 위선적 행동을 한다.

이해할 수 없는 기후 시위

그들은 사이비 종교를 세상에 알리기 위해 위험한 행동도 마다하지 않는다. 일례로 러시아가 자국 해역에서 석유를 채굴하는 것을 막으려던 그린피스 활동가들이 체포된 적 있다.[1] 북극해 시추선에 올라가려는 시도는 모든 안전 규정에 어긋나고 다른 사람의 생명을 위협하며 러시아의 주권을 침해한 행위였다.

그린피스는 정말 석유 시추 중단이 자신들이 위반한 타국의 법 위에 있을 정도로 중요하다고 생각하는 것인가? 겉으로는 분명 그렇다. 정부에서 여행에 관한 경고가 있었음에도 그들은 이를 무시했고, 체포된 후에는 자국 정부에 도움을 요청했다. 다시 말하지만, 이는 자국 납세자들에게 막대한 비용을 치르게 하는 행위다. 그린피스는 노르웨이 연안에서도 같은 시도를 했다.[2]

지금까지 이해할 수 없는 것은 "녹색주의자들도 세계 최대 석탄 생산국이자 소비국인 중국에서는 왜 반대 시위를 하지 않는가?"다. 북경 천안문 광장을 행진하고 중국 대사관, 영사관, 공산당 기업체 앞에서 왜 시위하지 않나? 중국 제품 불매 운동은 왜 하지 않나? 서방 국가에서는 인간의 화석 연료 사용에 대해 불만이 있는 사람은 누구든 시위할 수 있도록 허용된다. 천안문 광장에서 한번 해보고 어떤 일이 일어나는지 기다려보라. 그 뒤로는 조용히 사라져 기억조차 하지 못할 것이다. 중국인은 러시아인이나 노르웨이인처럼 관대하지 않을 것이다.

녹색주의자들이 화석 연료에 목숨까지 거는 이유는 대기 이산화탄소 증가로 지구가 불덩어리 된다는 사이비 과학 때문이다. 특히 그들의 사이비 과학에는 이산화탄소가 일정 농도 이상이 되면 지구의 기후가 회복 불가능한 낭떠러지로 추락하는 한계점(Tipping Point) 이론도 있다. 과거에는 350ppm이 한계점이라고 했다. 그래서 "350.org"라는 단체도 만들어졌다. 지난 1988년 지구 대기 이산화탄소는 이미 350ppm을 지났다. 지금까지 아무 일이 없다. 오히려 기후 재난은 줄어들었고 세상은 더욱 살기 좋아졌다.

더위를 두려워하는 첫 세대

과거에 대기 이산화탄소 농도가 지금보다 수십 배나 높았던 때가 오랜 기간에 걸쳐 있었다. 기후 역사를 보면 지구의 기온은 대기 이산화탄소 농도와 상관없이 추위와 더위 사이를 오르내렸다. 이산화탄소 농도가 높아진다고 지구가 더워지고 기후 대재앙을 불러오지 않았다. 우리의 지구는 물순환과 구름으로 기온이 자율 교정되는 역동적인 시스템이다. 녹색주의자들은 자신들의 사이비 종교 이념을 위해 진짜 기후 과학을 외면하고 있다.

분명한 사실은 옛날 사람들은 추위를 두려워했다는 것이다. 그들은 따뜻한 날씨보다 추운 날씨에 훨씬 더 많은 사람이 죽는다는 사실을 알고 있었다. 녹색주의자들의 사이비 종교 때문에 오늘날 청소년들은 인류 역사에서 따뜻함을 두려워하는 첫 번째 세대가 될 것이다.

어느 기후 선동가는 "폭염으로 인한 사망자는 온난화로 줄어든 겨울 사망자의 대략 다섯 배로 예상된다"라고 주장했다.[3] 극한 추위로 인한 사망이 여름철 더위로 인한 사망보다 훨씬 높다는 것을 보여주는 수많은 의학 논문이 있다. 하지만 그들의 주장은 의학 논문과는 완전히 상반된다. 예를 들어, 캐나다에서 1월의 하루 사망자는 8월보다 100명 이상 더 많다. 의학 문헌에는 유럽, 영국, 미국 및 기타 국가들의 그와 유사한 연구들로 가득하다.

호주, 브라질, 캐나다, 중국, 이탈리아, 일본, 한국, 스페인, 스웨덴, 대만, 태국, 영국, 미국 등 384개 지역의 7,400만 명 이상의 사망자를 분석한 국제 연구에 따르면 따뜻한 날씨보다 추운 날씨에 20배 더 많은 사람이 사망했다.[4] 68명의 의학자들이 5개 대륙 43개국에서 발생한 1억 3천만 명의 사망에 관한 데이터를 사용한 가장 최근의 연구에서는 추위가 더위보다 10배나 더 많은 사람을 죽게 한다는 분석 결과를 보여줬다. 2000년에서 2019년 사이에는 극한 추위나 더위로 인한 사망이 감소했다.[5] 어떻게 녹색주의자들의 사이비 종교와는 완전히 다를까?

지난 30년간 독일 남서부 지방의 통계를 보면 폭염과 한파 모두 일일 사망률을 증가시켰지만 가장 높은 사망률은 추운 날씨에 발생했다.[6] 이 연구에서 노인이나 병약자는 더위로 스트레스를 받는 것으로 나타났으며, 나머지 대부분 사람은 더위에 좀 더 신속하게 적응한 것으로 밝혀졌다. 온대 기후[7], 아열대 기후[8], 열대 기후,[9] 건조한 기후를[10] 보이는 국가[11, 12] 지역[13], 도시의[14] 사망률 데이터를 분석한 결과 추운 시기가 더운 시기보다 훨씬 높은 것으로 나타났다. 동장군(Jack Frost)과 죽음의 신(Grim Reaper)은 어울리는 한 쌍이다.

전 세계 많은 곳에서, 은퇴한 노인들은 기후가 따뜻한 지역으로 이동한다. 예를 들어 미국에서는 선벨트로 이주하고 영국 퇴직자들은 프랑스 남부나 스페인으로 간다. 이것이 바로 분명한 증거다. 즉 따뜻한 날씨는 사망률을 증가시키지 않는다. 하지만 녹색주의자들의 사이비 종교는 이러한 사실을 뒤집는다.

대재앙이 온다는 자들

우리는 인간에 의한 이산화탄소 배출을 즉시 제한하지 않는 다면 인류에게 큰 위협이 있을 것이라고 들어왔다. 녹색주의자들의 단체 350.org는 현재 420ppm이 넘는 이산화탄소 농도를 1988년 수준인 350ppm으로 줄일 것을 원하고 있다. 1988년 이후, 세계 인구가 40%, GDP는 60% 증가했고, 영아 사망률은 48% 감소했으며, 평균 기대 수명은 5.5년 증가했고, 빈곤율은 43%에서 17%로 감소했다.[15] 그런데도 대재앙이 온다니 녹색주의자들은 아둔하고 뻔뻔하기 짝이 없는 자들이다.

녹색주의자들은 지구 온난화가 가뭄과 홍수가 농업 생산량에 지장을 줄 것이라고 한다. 하지만 IPCC도 온난화로 인해 가뭄과 홍수는 증가하지 않았다고 발표했다. 글로벌 통합 가뭄 모니터링 및 예측 시스템에서 나타난 세계 가뭄 지수는 오히려 감소한 것으로 나타났다.[16]

과거는 별로 아름답지 않았다. 나쁜 날씨나 해충 습격으로 사람들이 굶어 죽는 일이 수없이 반복됐다. 농작물 수확량, 영양 결핍률, 기아, 먹는 물, 기대 수명, 생활 수준 등에서 알 수 있듯이 세상이 지금보다 더 좋은 적은 없었다.[17] 녹색주의자들은 인간의 창의성과 풍부한 화석 연료가 거의 모든 문제를 해결할 수 있었고 세상을 더 나은 곳으로 만들었다는 사실을 외면하고 있다. 350.org라는 단체가 암흑기나 소빙하기로 돌아가고 싶다면 그들이 먼저 솔선수범해서 현대 문명과는 격리된 무인도나 산속에서 살아야 할 것이다.

절대로 속지 말아야 한다

우리는 존재하지도 않는 허구의 문제를 해결하기 위해 소중한 자원을 헛되이 낭비할 수 없다. 우리는 더 이상 녹색주의자들에 의해 끌려갈 수 없다. 그들은 허위 보도 자료, 가짜 웹사이트, 항상 센세이셔널리즘에 굶주리고 과학적으로 무지한 언론이 의도적으로 기획한 인터뷰 등을 통해 자신의 이념에 맞는 정보를 선별하는 자들이다. 합리적이고 이성적인 현대인은 과학적 사실과 진실만을 보도하는 정직한 언론을 원한다.

우리는 은행, 기업, 무역상, 로비스트들이 배출량을 줄이고 삶의 질을 떨어뜨리기 위한 계획을 내놓고 막대한 국가 보조금을 요구하는 것을 경계해야 한다. 그리고 우리는 무엇이 인류의 미래를 위해 좋은지 안다고 주장하는 자칭 구세주들을 멀리해야 한다. 그들은 그런 것을 알지 못한다. 그들은 우리의 지갑을 털어가고 자유를 제한하기 위해 열심히 거짓말을 하고 있다. 그들은 단지 기후 공포로 세계인을 협박하는 사이비 종교를 퍼트리고 있을 뿐이다.

현대인은 자유와 재산을 지키기 위해 다음과 같은 사실을 알고 있어야 한다. 기후는 항상 변하며 지금과 같은 이산화탄소 농도에서는 극히 미미한 온실효과를 갖는다. 그리고 그 미미한 효과마저도 지구의 물순환과 구름의 변화로 아무런 영향도 줄 수 없다.[18] 또 인간은 토지 이용이나 도시화 등으로 아주 미미하게 지역적인 기후에 영향을 미칠 수 있다. 하지만 녹색주의자들의 기후 위기는 전혀 사실이 아니다. 사이비 과학이 만들어낸 기후 위기에 절대로 속지 말아야 한다.

녹색주의자들이 지구의 기후를 바꾸기 위해 식물의 먹이인 이산화탄소를 규제하는 것은 멍청하기 짝이 없는 짓이다. 그들이 추구하는 정책의 최종 결과는 인류의 식량을 줄이는 것이다. 비건이든 채식주의자든 잡식성 동물이든 그들은 상관하지 않는다. 인간도 지구 생태계의 탄소 순환 일부다. 녹색주의자들이 오염물질로 악마화한 이산화탄소는 기적의 생명 물질이다.[19] 그들은 광합성과 탄소 순환의 기초 지식을 학교에서 배우기는 했나? 만약 녹색주의자들이 인간의 이산화탄소 배출을 반대하고 있다면, 그들이 영광스럽게 할 수 있는 단 한 가지 일은 스스로 죽어버리는 것이다.

녹색주의자들이 만든 사이비 종교는 인간 없는 지구를 이상향으로 숭배한다. 그리고 그 종교는 결벽증, 죄의식, 면죄부, 구원, 그리고 죽음을 숭배하는 신학적 이유를 제공한다. 사이비 기후 종교는 서구 문명에서 기독교를 대체하고 있으며, 그 최종적인 결과는 교육 제도의 하향화와 사회경제적 몰락이다. 이 새로운 종교는 기독교와 달리 역사도, 예술도, 이론도, 음악도, 철학적 근거도 없다.

공산주의와 닮았다

로마 시대의 철학자 마르쿠스 툴리우스 키케로(Marcus Tullius Cicero)의 말을 인용하자면 "당신이 태어나기 전에 일어난 일에 대해 무지하다는 것은 항상 어린아이로 남아있는 것과 같다. 우리

조상들의 삶이 역사 기록으로 남아있지 않는다면 인간의 삶이 무슨 가치가 있겠나?" 녹색주의자들의 이념은 키케로가 살았던 기원전 43년 이후로 아무런 것도 변하지 않았다. 역사가 사라진 유치한 상태에서 그들의 활동은 계속되고 있다.

녹색주의자들의 기후 종교는 공산주의와 닮았다. 공산주의는 달성 불가능한 이상향을 내세우며 극소수만 부와 권력을 누리고 수많은 희생을 불러왔다. 과거 수십 년 동안 수억 명의 사람들을 죽이고 엄청난 경제적 피해를 야기했으며 개인의 자유와 재산을 박탈한 인류사 최악의 정치 제도다. 공산주의는 이념적 모순과 치부가 두려워 토론, 논쟁, 또는 비판을 허용하지 않는다. 하지만 지금도 역사, 정치, 경제에 대한 지식이 부족한 자들은 유치한 매력을 느끼고 있다.

녹색주의자들도 탄소 중립이라는 달성 불가능한 이상향을 내세운다. 인간은 0.04%의 이산화탄소를 흡입하고 최소 4%를 배출한다. 100배나 더 많은 이산화탄소를 배출하는 인간이 탄소 중립으로 가기 위해서는 대규모 희생은 필연적이다. 이것이 바로 녹색주의자들이 숨길 수 없는 반인간적 이념이다. 그래서 그들도 공산주의자들의 사기성을 따라갈 수밖에 없다.

서방 국가의 몰락

지금 서방 국가는 사이비 종교로 인해 서서히 몰락하고 있다. 녹색주의자들은 공산주의를 거부하는 과정에서 일어났던 것처럼 사람들이 어렵게 번 돈을 착취하고 자유를 구속하기 위해 사람들을 계속 공포로 몰아넣고 있다. 또 다른 당치않은 사기성 이야기들이 한바탕 유행하고 있다. 우선 올바른 기후 과학을 세상에 알려 사이비 종교를 막아야 한다. 과거 앞선 세대가 공산주의와 투쟁했듯이 이제 우리는 녹색주의자들과 맞서 싸워야 한다.

젊은이들은 반자본주의적인 사이비 종교에 끌리게 된다. 이유는 그들이 아직 성취한 것이 많지 않고 잃을 것이 없기 때문이다. 그들이 자녀를 갖게 되고, 주택 대출금, 취업, 경험, 여행, 역사 공부를 하고, 녹색주의자들로 인한 파국적인 환경, 건강, 취업, 경제, 정치적 영향에 대해 인식하면 보통 그들의 이념으로부터 멀어지게 될 것이다. 하지만 희생을 줄이기 위해서는 그들을 처음부터 사이비 종교에 물들지 않게 해야 한다.

왜 녹색주의자들은 자신들의 전기는 국가 전력망과 별도로 모두 풍력과 태양광에서 공급받고 화석 연료로 생산된 어떠한 제품도 사지도 팔지도 않고 사용하지 않는 유토피아라 불리는 탄소 중립 도시를 만들지 않을까? 그런 도시는 모든 식량, 통신, 운송, 병원, 학교 등 모두 자급자족되어야 한다. 과거 파라과이에서 그런 도시를 한번 시도한 적이 있었으나 실패로 끝났다.[20]

CRITICISM
OF GREENISM

제2부
석탄과 인류 문명

석탄은 인류 문명 발전에 엄청난 변화를 가져왔다. 사람들은 풍요롭고 더 오래 살게 됐다. 하지만 지금도 저개발국을 중심으로 여전히 수많은 사람이 가난한 삶을 살아가고 있다. 녹색주의자들은 석탄 사용을 막아 저개발국을 가난에 머물게 하고 서방 국가도 다시 과거로 되돌리려 한다. 수상한 것은 그들이 세계 최대 석탄 소비국 중국에 아부성 찬사를 보낸다는 사실이다.

고대 이집트, 그리스, 로마에서 90%의 사람들이 노예로 살았다. 그 시기 노예는 당연했던 사회 제도다. 열기관의 발명과 석탄, 석유, 천연가스의 사용 덕분에 노예 제도가 필요 없게 된 것이다. 우리는 화석 연료 시대에 살고 있음에 감사해야 한다.
  - 프랑코 바타글리아(Franco Battaglia, 이탈리아), 세계기후지성인재단 대변인
  <출처: 트럼프는 왜 기후협약에서 탈퇴했나?, 박석순, 세상바로보기, 2025>

지금의 지구 온난화가
인간의 화석 연료 사용으로 인한 것이
아님을 보여주는 증거 2

- 약 2,000년 전 로마 온난기 -

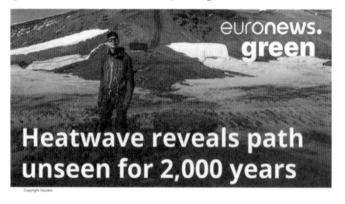

스위스 알프스 빙하가 녹으면서 드러난 로마 시대(약 2,000년 전)의 길: 당시는 지금보다 기온이 높아서 그곳에 사람들이 도보 여행하던 길이 있었다.

자료: Brown, H., 2022: Melting Swiss glaciers reveal ancient hiking path not seen for over 2,000 years, https://www.euronews.com/green/2022/09/13/melting-swiss-glaciers-reveal-ancient-hiking-path-not-seen-for-over-2000-years

제5장
화석 연료가 바꾼 세상

현생 인류 2만 세대 중에서 마지막 4세대만이 수명이 급격히 늘어났다. 서기 1세기경에 인간의 평균 수명은 25세였다. 인구 50%의 수명이 20세 미만이었고, 약 80%가 50세를 넘기지 못했다. 또 신생아 3분의 1은 태어나 한 달 안에 사망했다. 20세기에 와서 세계 인구 평균 기대 수명은 이전 20만 년보다 두 배 이상 증가했다. 유럽에서 산업화가 시작될 즈음인 1800년대에는 세계 인구 90% 이상이 지금 아프리카 극빈층과 같은 수준의 가난한 삶을 살았다. 이후 세계 인구가 7배 증가했음에도 극빈층 비율은 10% 미만으로 줄어들었다.

산업 혁명의 시작

이것은 인류 역사에서 유례가 없는 엄청난 변화다. 그리고 이 모든 변화 뒤에는 석탄의 힘이 있었다. 수억 년 전 땅속에 묻혔던 석탄을 사용한 산업 혁명이 인류의 삶에 대변화를 가져온 것이다. 특히 증기기관은 석탄에서 나오는 열을 동력으로 전환하여 운송에서부터 전력 생산에 이르기까지 인류 문명의 모든 것을 단기간에 바꿨다.

초기 변화는 운송에서 나타났다. 광산에서 채굴된 석탄은 기차로 방직공장, 제철소 등으로 운송됐다. 운송의 변화는 도시화로 이어졌고 근로자들은 기차로 일터에 출퇴근할 수 있었다. 기차는 노동자들에게 이동 시간을 짧게 했고 시간의 개념을 갖도록 했다. 도시는 석탄가스로 불을 밝혔고 새로운 기술로 부를 꿈꾸는 발명가들이 등장했다. 발명가들은 문명의 이기와 새로운 물질을 만들어내며 산업화를 촉진했다.

석탄은 노동자들이 여유 시간을 가질 수 있게 했다. 영국 북부에서는 지하 석탄 광산의 어둠으로부터 멀리 떨어진 도시에서 야외 활동, 공동체 모임, 스포츠 대회, 브라스 밴드 등이 있었다.[1] 또 해변에서 휴가를 즐기고 인문학적 소양도 넓힐 수 있었다. 그래서 노동자들은 더 높은 수준의 교육을 추구하게 됐다. 노동자들에게 교육을 제공하기 위한 기능공 양성소와 유사 교육 기관들이 만들어졌다. 탄광에서 일하던 잡역부의 역할은 기계가 대체했다.

석탄은 국제무역에도 큰 변화를 가져왔다. 국제무역은 수천 년 동안 값비싼 상품만 다루었다. 하지만 석탄이 가져온 무역의 변화는 모든 것을 교역할 수 있게 했다. 석탄은 일정 지역에서만 교류하던 농업 사회를 세계가 교역하는 국제 사회로 만들었다. 활발한 무역은 생명을 구하고 삶의 질을 풍요롭게 했다.

무역이 제한된 시절에는 여분의 식량이 가까운 곳에 있어도 적시 운송이 불가능하여 수많은 사람이 굶주릴 수밖에 없었다. 일례로 서기 1694년 프랑스에서 발생한 대규모 국지성 호우는 3년 연속 흉작으로 이어졌다. 유럽 다른 지역에는 식량이 남았지만 프랑스에서는 약 15%에 달하는 사람들은 기아로 목숨을 잃었다.[2] 당시 프랑스 사람들은 땅에 의존해서 먹고 살았고 다른 국가들과의 교역은 거의 없었다.

석탄은 자연 생태계를 살렸다. 17세기까지만 해도 모든 에너지는 사람과 가축의 힘, 그리고 나무에서 나왔다. 유럽에서는 숲의 나무는 난방용으로 사용됐고, 철을 생산하고 배를 건조하기 위해 무자비한 산림 벌목이 자행됐다. 18세기에는 매우 빠른 속도로 숲이 사라져갔다. 숲 면적은 지금이 18세기보다 훨씬 더 넓다. 만약 석탄이 없었다면 숲은 사라졌고 서식처를 잃은 많은 생물은 멸종되었을 것이다.

석탄발전과 경제성장

석탄이 가져온 가장 큰 변화는 값싼 전력 생산이다. 산업 문명이 처음 시작된 영국에서도 1700년대 말까지만 해도 석탄 사용이 많지 않았다. 영국의 석탄 소비는 1800년대 후반에 와서 급증했다. 1825년 연간 석탄 소비량이 2,500만 톤이었던 것이 1920년경에는 연간 2억 9,200만 톤으로 최고치를 기록했다. 급증 이유는 석탄화력발전에 있었다. 1882년 세계 최초 석탄화력발전소가 영국 런던 홀본 비아덕트(Holborn Viaduct)에 건설

된 이후 석탄 사용량은 급증했다.[3]

값싼 석탄발전은 경제성장에 속도를 더했다. 20세기 모든 산업 및 가정용 전력은 석탄으로 생산됐다. 전기는 경제성장을 증폭시키는 역할을 했다. 지난 20세기 수많은 생명과 대규모 경제를 파괴한 두 차례의 세계대전을 겪었음에도 불구하고 석탄은 수억 명의 사람들을 빈곤에서 벗어나게 했다.

세계 에너지 전망(World Energy Outlook)은 석탄을 이용한 전력 생산과 국내 총생산 사이에 거의 완벽한 상관관계가 있음을 보여준다.[4] 이러한 변화가 일어나는 동안 1인당 음식 섭취량, 수명, 그리고 부는 증가하는 반면 아동 사망률, 질병, 그리고 식량 생산에 사용되는 토지 면적은 감소했다. 석탄이 그동안 세상을 점점 더 좋은 곳으로 만들었음을 보여주고 있다.

지금도 36억 명의 세계 인구가 여전히 전기를 전혀 사용할 수 없거나 부분적으로만 사용 가능하다. 전기 없이는 희망도 없다. 희망이 없는 곳에서는 범죄와 테러가 발생하기 마련이다. 아프리카 개발은행은 더 이상 값싸고 신뢰할 수 있는 전력 생산에 자금을 지원하지 않을 것이라고 했다.[5] 이렇게 되면 아프리카의 빈곤은 영원할 수밖에 없다.

문맹 탈출

석탄이 만든 값싼 전기는 세계인을 문맹으로부터 탈출시켰다. 문맹 탈출은 인간에게 사고의 자유를 주고 경제성장을 촉진한다. 더 좋은 세상을 만들기 위해서는 문맹 퇴치가 필수다. 문맹 퇴치를 위해서는 비용이 들어가고 시간이 걸린다. 1900년에는 세계 문맹 퇴치 비용이 총 GDP의 12%를 차지했다. 지금은 7%로 줄어들었고 2050년에는 다시 3.8%가 될 것으로 추정하고 있다. 경제성장이 이를 가능하게 하고 퇴치 시간도 줄여줄 것이다.

아직도 세계 인구의 20%는 문맹이다. 끔찍하게 들리겠지만 1900년에는 세계 인구의 약 70%가 문맹이었다.[6] 그동안 가장 크게 발전한 국가는 중국이다. 1950년에 한국과 파키스탄은 소득과 교육 수준이 같았다. 하지만 오늘날, 한국의 평균 교육 기간은 12년이지만, 파키스탄은 아직 6년도 안 된다. 같은 기간 한국의 1인당 소득이 23배 증가한 반면 파키스탄은 3배 증가했다. 문맹 퇴치와 교육이 불러오는 경제적 효과는 폭발적이다.

세계 에너지 기구는 1년 365일 하루 24시간 항상 신뢰할 수 있는 전기를 생산하는 가장 빠르고 저렴한 방법은 지금도 석탄뿐이라고 밝히고 있다. 하지만 녹색주의자들은 값싼 석탄화력 발전을 막아 인류 문명을 되돌리려 하고 있다. 우리는 절대로 그들의 사이비 과학에 속지 말아야 한다.

석탄은 식물의 광합성으로 만들어진 물질이다. 수억 년 전에 지구에 도달한 태양에너지가 물과 이산화탄소를 결합하여 고체 형태로 저장된 것이다. 당시에는 목질(리그닌)을 분해하는 곰팡이가 지구에 없었기 때문에 석탄으로 남게 된 것이다. 석탄에는 유기 탄소, 무기 물질(미네랄), 메탄가스, 물이 들어있다. 석탄이 연소하면 열과 빛 그리고 가스가 나오고 재가 남게 된다. 우리가 석탄을 연소하는 것은 과거의 태양에너지를 지금 사용하고 물과 이산화탄소를 다시 제자리에 되돌리는 것이다.

산업 혁명이 시작된 영국의 석탄 매장량은 지금도 여전히 풍부하다. 하지만 지금 영국은 연간 1,000만 톤 미만의 석탄만 생산하고 있다. 그 결과 현재 영국의 전기 요금은 세계에서 가장 비싸다. 녹색주의자들이 만들어낸 석탄이 지구를 불덩어리로 만든다는 사이비 과학 때문이다. 인류사 최초의 산업 문명이 어떻게 발전했고 녹색주의자들이 어떻게 이를 파괴하고 있는지 알고 싶으면 영국을 보면 된다.

석탄의 현재와 미래

20세기에 들어와 석유가 산업화와 운송 그리고 무역 분야에서 석탄을 대체하기 시작했다. 하지만 석탄은 여전히 전력 생산, 제철·제련, 그리고 화학 및 의약품을 만드는 데도 사용된다. 특히 값싸고 안정적이며 신뢰할 수 있는 전력을 생산하기 위해서는 석탄만이 가능하다. 지금의 환경 기술은 배출되는 대기오염 물질도 완벽하게 처리할 수 있고, 연소 후 남는 재도 시멘트 원료로 재활용한다.

최고 품질의 점결탄(Coking Coal)은 점점 조달하기 어려워지고 있지만 일반 석탄은 여전히 값이 싸고 앞으로 가격이 더 내려갈 가능성이 크다. 석탄 가격이 지난 2020년 9월 이후 몇 년 동안 4배로 뛴 이유는 코로나19 이후 수요가 늘어났기 때문이다.[7] 다가오는 미래에 사용할 수 있는 석탄 총량은 알 수 없지만 지금까지 밝혀진 매장량보다 몇 배나 더 많을 것은 확실하다.

21세기는 가스의 시대다. 산업, 가정용 난방과 조리, 운송, 발전, 그리고 일부 제련도 가스를 사용한다. 그렇다면 미래의 세기에는 무엇이 등장할 것인가? 메탄 하이드레이트와 같은 천연가스도 엄청나며, 수소를 생산하는 더욱 저렴한 방법들이 계속 발명되고 있다. 우리는 마침내 핵분열과 핵융합도 가능한 원자력 에너지 시대에 접어들 수 있을 것이다. 핵융합은 아마 20년 안에 이루어질 것이다. 이제 그 현실이 점점 가까워지고 있다.

도시는 미래에 화물 컨테이너 규모의 발전 시설로부터 전력을 공급받을 수 있을 것이다. 핵융합은 다른 어떤 에너지원보다 에너지 밀도가 높으며, 기존의 핵분열보다 더욱 안전하며, 폐기물은 방사능이 없는 불활성 헬륨이다. 환경에 미치는 영향은 거의 없다. 풍력 터빈 블레이드와 태양광 패널과 같이 유독성 폐기물을 남기지 않고 탄소 중립을 원하는 자들의 욕구도 충족시킬 것이다.[8]

고효율 최첨단 에너지 기술의 실용화가 멀지 않았지만 석탄은 여전히 수많은 국가에서 가장 선호하는 에너지원으로 남을 것이다. 석탄 사용은 지금도 전 세계적으로 매년 5%씩 계속 증가하고 있다. 서방 국가에서는 녹색주의자들의 선동으로 줄어들고 있지만 개발도상국에서는 늘어나고 있다. 아시아가 소비 경쟁을 주도하고 있고, 많이 사용하는 곳에서 경제발전 속도가 빠르다. 1908년에는 화석 연료가 전체 에너지 소비의 약 85%를 차지했다. BP 에너지 통계(British Petroleum Statistical Review of World Energy)에 따르면 원자력과 재생에너지가 상당량 공급되고 있는 2020년에도 전 세계 에너지 소비의 80% 이상이 화석연료이고 용도는 운송(석유), 난방(가스), 전력(석탄과 가스), 제련(석탄) 등이다.[9]

석탄은 대부분 나라에서 지표면을 덮고 있는 육상 퇴적암에 존재하기 때문에, 거의 모든 국가가 석탄 자원이 있고 경제성이 있는 매장량을 갖고 있다. 많은 나라가 국가 안보를 위해 석탄을 핵심 에너지 구성원으로 일정량 유지하고 수출을 제한하고 있다. 태양광, 풍력, 조력, 바이오 에너지 등과 같은 재생에너지가 아무리 기술 발전을 거듭해도 석탄을 대체할 수 없다. 시설과 생산 비용이 저렴하고 다른 에너지원이 할 수 없는 일을 하기 때문에 석탄은 영원히 번창할 것이다.

제6장
가난과 녹색주의자

지금 서방 국가의 부유한 녹색주의자들은 아프리카, 아시아, 남미에 사는 수십억 명의 가난한 자들에게 자신들을 빈곤에서 벗어나게 한 화석 연료를 사용하지 못하게 하려고 전력투구하고 있다. 그들은 모든 사람이 풍요로운 삶을 누리는 것을 혐오하기 때문이다. 그들은 화석 연료 사용으로 나오는 이산화탄소가 지구를 불덩어리로 만든다는 사이비 과학으로 빈곤 탈출을 방해하고 있다. 하지만 이것은 도덕의 차원을 넘어 인종적 폭력이자 범죄다. 그들은 멀쩡한 지구를 살린다며 인간에게 고통을 주고 목숨을 빼앗고 있다.

가난과 전기

산업화를 거치면서 서방 국가의 대부분 사람은 빈곤 탈출에 성공했다. 하지만 지금도 세계 곳곳에는 여전히 가난한 삶을 살아가는 사람들이 넘쳐나고 있다. 가난이 환경 문제의 최대 원인이라는 사실을 확인하려면 아프리카 사하라 사막 이남의 국가를 가보면 된다. 그리고 아주 심각한 환경 문제가 있는 국가를 찾으려면 석탄발전이 주는 값싼 전기의 사용 여부를 확인하면 된다. 이런 국가들 대부분은 인구의 50~75%만 전기를 사용하고 있다. 에티오피아, 콩고, 수단에는 전기 공급을 전혀 받지 못하는 1억 5천만 명이 살아가고 있다. 그나마 전기 공급이 되는 곳도 대개 하루 2시간가량 전선에 전류가 흐르는 게 전부다. 전선은 자주 도난당하고 고철값에 팔리기도 한다. 이런 곳에는 병원, 학교, 공장, 사무실 등 거의 모든 문명 시설은 불규칙한 전기 공급 때문에 정상 운영이 어렵다.

값싼 전기 없는 인류 번영은 단지 꿈일 뿐이다. 전 세계적으로 13억 명의 사람들이 전기를 사용할 수 없으며 27억 명의 사람들이 조리와 난방을 위해 나무와 낙엽, 배설물 등에 의존하고 있다. 그로 인한 심각한 실내 공기 오염이 건강을 해치고 생명을 죽이고 있다. 값싼 전기 없이는 산업 생산량을 늘릴 수 없고, 상품을 시장에 내놓을 수도 없다. 전염병 백신을 냉장 보관할 수도 없으며 교육을 통해 가난에서 벗어나고자 하는 수많은 청소년이 일몰 후에 공부를 할 수조차 없다.

특히 14억 명에 달하는 아프리카인들 중 거의 절반이 넘는 약 7억 3천만 명이 조리와 난방을 위해 통나무, 잔가지, 나뭇잎, 그리고 동물 배설물에 의존하고 있고 6억 2천만 명은 전기 조명을 사용할 수 없다. 이는 전체 인구의 3분의 2에 해당한다. 사하라 사막 이남의 아프리카에서는 도시에 사는 사람들도 40%

가 전기를 사용할 수 없으며 농촌에 사는 사람들은 85%가 전기를 사용할 수 없다.

지속가능성의 허구

녹색주의자들은 『세계 지속가능성 보고서』라는 어처구니없는 자료도 만들어냈다. 세계보건기구(WHO), 유니세프(UNICEF), 그리고 학술지 『란셋(The Lancet)』이 발표한 이 보고서는 기후 선동에 앞장서는 "빌 앤드 멜린다 게이츠 재단(Bill and Melinda Gates Foundation)"의 후원을 받아 작성됐다. 이 보고서에 따르면 조사한 180개 국가 중 10개의 아프리카 국가가 지속가능성 상위를 차지했다.[1] 호주는 174위로 미국 바로 다음이자 사우디아라비아와 바레인보다 앞이다. 또 보고서는 선진국들이 "**높은 탄소 배출, 정크 푸드, 알코올 광고, 컴퓨터 온라인에서 보내는 시간이 아이들의 미래를 위협하고 있다**"라고 밝혔다.

거브러여수스(Tedros Ghebreyesus) 세계보건기구(WHO) 사무총장은 이 보고서를 보고 "**경종을 울리는 신호**"라고 표현했다. 그의 표현이 맞다. 하지만 보는 관점이 다르다. 관료주의적 웅변에 불과한 이데올로기적 허튼소리는 서구 정치인들에게 경종을 울려야 한다. 그래서 무지한 서구 정치인들이 깨어나 매년 자국의 납세자 돈을 유엔과 관련국에 보내는 이유를 다시 생각하도록 해야 한다. 미국 트럼프 대통령은 2025년 1월 20일 취임 첫날 한심한 WHO를 탈퇴했다. 이는 선출되지 않고 돈과 권력을 차지한 국제기구 관료들이 어떤 이념에 빠져있고 어떻게 행동하는지를 잘 알고 한 결정이다.

유엔 본부는 더욱 어처구니없는 짓을 했다. 2000년에 개최된 밀레니엄 정상회담(Millennium Summit)에서 언제 어디서 누구라도 에너지를 쉽게 이용할 수 있도록 하는 것이 추구해야 할 목표지만 유엔은 그것이 "지속가능한" 경우에만 허용될 수 있다고 선언했다. 이것은 저개발 국가를 테러하겠다는 완벽한 전략이다. 값싸고 안정적인 전기 공급 없이는 공장, 학교, 병원, 기업, 운송이 작동할 수 없고, 투자가 일어나지 않기 때문에 경제발전이 불가능하고 대규모 실업이 계속될 수밖에 없다. 그래서 가난은 영원할 수밖에 없다.

아프리카의 빈곤 탈출

하지만 일부 아프리카 국가들은 유엔의 허튼소리를 무시하고 천 개가 넘는 새로운 석탄 및 가스 발전소를 계획하고 있다. 화석 연료는 2030까지 아프리카 전역에서 생산되는 모든 전력의 2/3를 차지할 것이며, 18%의 전력은 수력 발전으로 공급될 것이다.[2] 아프리카에서 계획 중인 2,500개의 발전 프로젝트의 절반이 석탄 및 가스 발전소다.[3] 그들은 과거 자신들을 식민 통치했던 유럽연합(EU)에 귀를 기울이지 않는다. 이유는 EU의 녹색 에너지 정책은 태양광과 풍력으로 아프리카인들을 영원히 빈곤에 머무르게 할 것이기 때문이다.

2006년부터 2019년까지 8.4GW 용량의 석탄화력발전소가 아프리카 국가에서 추가로 건설됐다. 같은 기간 EU 국가들은 인구가 절반임에도 불구하고 23GW 용량을 추가로 건설했다. 독일은 사하라 사막 이남 아프리카 면적의 8%에 해당하고 GDP는 2배에 해당하지만 10GW 용량의 석탄화력발전소를 추가로 건설했다. 유럽 국가들도 재생에너지로 석탄화력발전을 대체할 수 없음을 인정한 것이다.

세계에서 가장 선진화되고 부유한 경제가 자체 에너지 기반 시설을 해체하고 재생에너지로 대체할 수 없다면 어떻게 가난한 아프리카 국가들이 아무런 사전 준비도 없이 시작부터 그렇게 하기를 기대할 수 있나? 값싸고 안정적인 전력 공급 없이는 아프리카의 가정들은 조리, 조명, 난방, 냉방을 할 수 없다. 전기가 있어야 나무를 베지 않고 부유해져야 야생동물을 사냥하지 않는다. 가족들이 굶을까 걱정하지 않아도 돼야 환경을 돌볼 수 있게 된다. 진정으로 환경을 생각한다면 아프리카인들이 조속히 가난에서 벗어나도록 해야 한다.[4]

1970년 이후 세계 인구 증가율은 둔화했다. 또 고품질의 비료, 살충제, 그리고 생명 공학으로 인해 같은 양의 식량 생산에 필요한 땅의 면적이 1961년보다 65% 줄었다.[5] 그래서 1인당 GDP가 증가하고 출생률이 감소했으며 생태계 파괴와 오염 부하도 줄어들었다. 또 사람들은 숲을 평지로 개간해서 손바닥 크기의 땅덩어리에서 비효율적으로 농작물을 재배하면서 애써 생계를 유지하지 않고 도시로 가서 일자리를 구할 수 있게 됐다.

자연보호, 동물 권리, 지속가능성, 재생에너지, 기후 변화는 녹색주의자들의 관심사다. 반면에 제3 세계 국가에서 가족을 먹일 식량조차 부족한 사람들은 멸종 위기에 처한 종들에 대해 신경 쓰지 못한다. 그들은 먹을 것을 원한다. 추운 사람은 자신들을 따뜻하게 보호해주는 모피가 어디에서 왔는지, 또 동물들이 윤리적으로 죽었는지는 걱정하지 않는다. 살 집이 없는 사람은 삼림 벌채를 걱정하지 않는다. 배부른 사람들만이 하천 생태계 건강성에 관심이 있다.

과거 유럽인들은 원시림 75%를 농업, 산업, 주택, 기타 인프라로 개간했다. 하지만 그들은 브라질 사람들이 자신들처럼 원시림을 개간한다고 비난하고 있다. 유럽의 녹색주의자들은 자기모순이다. 그들은 브라질 사람들은 계속해서 가난에 시달리고 서구 문명과 자본주의가 이룩한 유럽인의 생활 수준을 누리지 못하게 하려는 것이나 다름없다.

기후 공포의 숨은 전략

기후 위기가 정말로 과학적으로 타당한 환경 문제일까? 그렇지 않다. 기후 위기는 다른 목적을 위해 만들어진 공포다. 유엔 관료들은 "기후 위기는 기후와는 아무런 관련이 없으며 모든 것이 세계 경제와 관련되어 있다"라고 한다. 독일의 경제학자 오트마 에덴호퍼(Ottmar Edenhofer)는 2010년 "국제적인 기후 정책이 환경 정책이라는 환상에서 벗어나야 한다. 이것은 더 이상 환경 정책과 관련이 없다"라며, "우리는 기후 정책을 통해 사실상 세계의 부를 재분배한다"라고 말했다.[6]

에덴호퍼는 2004년부터 2008년까지 IPCC 제4차 기후평가

보고서의 주 저자였다. 유엔이 말하는 부의 재분배는 거짓말이다. 가난한 나라를 돕기 위해서는 선진국을 부자 나라로 만들어준 화석 연료를 사용하게 해야 한다. 유엔의 기후 정책은 가난한 나라를 영원한 가난에 머물게 할 뿐이다. 유엔의 목적은 기후를 핑계로 부자 나라로부터 기후 기금을 받아내고 세계를 통제하려는 것이다. 유엔을 장악한 녹색주의자들이 우리가 먹는 음식, 냉난방, 자녀 수, 운행하는 자동차의 유형, 여행, 교육 등 인간의 모든 행동을 통제하려는 것이다. 이를 달성하기 위해서는 과거 공산주의자들이 했던 것처럼 반대 의견을 가진 사람들을 제거하고 과거 기록을 불태워버려야 한다. 그래서 지금 유엔 기후 정책에서는 실제로 그런 일들이 벌어지고 있다.

녹색주의자들은 "기후 변화로 인한 대부분 영향은 혜택이 거의 없고 엄청난 비용의 커다란 해를 끼칠 수 있다"라고 주장한다.[7] 이 주장은 그저 기만적인 말을 속사포처럼 늘어놓은 것에 불과하며 이런 독단적인 행위는 녹색주의자들의 작업 방식이다. 실제 일어나는 현상들은 그들의 주장과 상반된다. 그들은 거짓말을 하고 있음이 분명하다.

유엔 관료들 역시 후에 기후 위기는 기후와는 아무런 관계가 없으며, 모든 것은 유엔에 의한 세계 경제 통제와 관련 있다고 말했다. 기후 변화에 관한 유엔 기본협약(UNFCCC) 사무총장 크리스티나 피게레스(Christiana Figueres)는 "인류 역사상 처음으로 경제 개발 모델을 국제적으로 변환하는 것은 우리에게 주어진 가장 어려운 과제다"라고 했다.[8]

지구상의 모든 사람을 극한 빈곤에서 벗어나게 하는 비용은 연간 1,000억 달러도 들지 않는다. 하지만 서방 국가들은 아무런 효과도 없는 파리기후협약에 매년 1조에서 2조 달러가량 지출하기로 약속했다.[9] 이는 도덕적으로 타당하지 않다. 한 달 동안 파리협약에 들어가는 비용은 모든 사람이 극한 빈곤에서 벗어나도록 하는 데 일 년 동안 필요한 금액과 맞먹는다.

유엔은 세계 빈곤의 종식을 원하는 것인가? 아니면 소수 엘리트의 배를 기름지게 하는 것을 원하는 것인가? 녹색주의자들이 주장하는 기후 위기에 세계 각국이 대응하면 그 혜택은 누가 누리게 되나? 지금 우리가 빈곤을 퇴치하고 환경을 지키기 위해 가장 먼저 해야 할 일은 녹색주의자들이 세계 어느 곳에도 뿌리내리지 못하게 하는 것이다.

제7장
자멸과 번영의 기로

녹색주의자들은 가난한 나라뿐만 아니라 부유한 서방 국가에도 심각한 사회경제적 손상을 입혔다. 그들은 과학에 무지한 정치인들을 자신들을 부유하게 만든 화석 연료가 지구를 불덩어리로 만든다는 사이비 종교에 빠지게 했다. 부유한 삶에 죄책감을 느낀 정치인들은 "지구를 구하자"라는 구호를 만들고 순진무구한 유권자들로부터 표를 얻었다. 그렇게 해서 서방 국가들은 자멸의 길로 들어서게 됐다.

에너지 통제 국가가 된 영국

산업혁명이 시작된 영국은 녹색주의자들로 인해 가장 먼저 자멸의 길로 들어섰다. 첫 시작은 대처 수상 집권 시기에 있었던 탄광 광부 파업(1984년부터 1985년까지)이었다. 강력한 정부 대처로 파업에 실패하자 배후 세력들은 산업자본주의 핵심 요소인 저렴한 에너지원을 파괴하는 녹색 운동을 시작했다.[1] 당시 대처 수상도 지구 온난화 이론을 맹신하며 석탄발전을 재생에너지로 전환하는 정책을 추진했다.

영국은 1990년 이후 6억 4백만 톤이던 이산화탄소 배출량을 2022년에는 거의 절반인 3억 5천만 톤 미만으로 줄였다. 1인당 배출량으로 따지면 1990년 10톤에서 2022년 5톤 미만이 됐다. 그 결과 영국의 산업과 일자리는 반 토막이 됐다. 영국 제조업 GDP는 1990년 16% 이상이었는데 지금은 약 8%로 떨어졌으며 제조업 일자리는 약 496만에서 260만으로 줄어들었다.

가장 큰 제조업 피해는 철강 산업에서 나타났다. 영국은 한때 세계 주요 철강 생산국이었다. 하지만 영국의 철강 생산은 비싼 에너지 가격 때문에 경쟁에서 살아남을 수가 없었다. 현재 세계 철강 생산량의 절반 이상을 중국이 차지하고 있으며, 영국은 이제 이집트, 벨기에, 베트남 아래로 떨어졌다.[2] 영국의 재생에너지 정책은 거의 모든 제조업을 생존 불가 상태로 만들었다. 영국 정부는 대책으로 재생에너지 발전에 현재 연간 약 100억 파운드의 보조금을 지급하고 있다.

엄청난 재생에너지 보조금은 고스란히 소비자의 부담이다. 그래서 현재 영국은 세계에서 가장 전기 요금이 비싼 국가 중 하나가 됐다. 가정용 전기 요금은 0.41달러/kWh로 0.21달러/kWh인 프랑스와 0.18달러/kWh인 미국의 두 배나 된다. 0.08달러/kWh인 중국이나 0.07달러/kWh인 인도에 비해 다섯 배나 된다. 비싼 에너지 가격 때문에 국가 경제와 국민 생활에 치명적 손상을 입고 있음에도 불구하고 영국에서는 여전히 "멸종

저항(Extinction Rebellion)"이나 "석유를 멈춰라(Just Stop Oil)"와 같은 단체들이 활발한 녹색 운동을 벌이고 있다.

이들의 영향으로 과학에 무지한 정치인들은 아직도 지구를 살리기 위해 열심히 노력하고 있다. 영국은 태양광이 기상 조건에 적합하지 않아 해상 풍력을 권장하고 있지만, 이것 역시 사업성이 없어 최근에는 투자를 원하는 기업이 없다. 전기차는 정부가 예산이 부족하여 2023년부터 보조금을 폐지하자 소비자들로부터 외면당하고 있다. 그래서 영국 정부가 내놓은 새로운 해결책이 주택과 건물의 에너지 사용을 통제하는 "2023 에너지법(Energy Act 2023)"이다. 이 법이 2024년부터 시행되면서 영국은 강력한 에너지 통제 국가가 됐다.

정부가 강압적으로 국민의 에너지 사용을 규제하는 것은 자유민주주의 국가에서는 있을 수 없는 일이다. 전시 체제나 중국과 같은 사회주의 국가에서나 있을 수 있는 일이 영국에서 현실이 됐다. 영국은 1215년 국왕의 마그나 카르타(Magna Carta) 서명으로 국민의 자유와 권리를 쟁취한 자유민주주의 발상지다. 하지만 이제 다시 그 자유와 권리를 국가에 반납하게 됐다. 이유는 녹색주의자들의 선동에 국민이 속아 넘어갔고 알아도 침묵했기 때문이다.

유럽연합의 녹색 관료주의

유럽연합(EU)의 녹색 관료주의는 오랜 기간 서방 국가의 에너지 산업을 지배했다. 그뿐만 아니라 EU는 전 세계를 향해 석탄 사용을 줄이라고 강요하고 있다. 예를 들어 EU는 호주가 기후 변화에 대해 강력한 조치를 취하지 않으면 자유무역협정에 제한을 가하겠다며 위협해오고 있다.

한편으로 EU 통계청(Eurostat)은 EU 27개국이 2030년까지 "오염(탄소)"을 40% 줄이겠다는 목표를 달성하지 못할 수도 있다고 발표했다. 그래서 EU는 의회를 통해 감축 목표치를 40%에서 55%로 수정하려고 한다. 그렇지만 EU는 자신들이 세계적인 녹색 리더로 자리매김하길 바란다. 위선과 경제적 자살은 이제 EU 녹색 관료주의의 상징이 됐다.

EU 국가들이 기존에 보유한 석탄화력발전소는 465개이며 28개가 추가로 계획되어 있다. 현재 석탄을 사용하고 있는 21개 EU 회원국 가운데 8개 국가만이 2030년까지 단계적으로 석탄발전소 폐지를 약속한 상태다.[3] 그런데 EU 국가는 지금의 계획에도 차질이 생기기 시작했다. 날씨가 나빠지자 그들은 석탄화력발전소를 재가동했고 러시아로부터 석탄을 수입했다.

동유럽 EU 국가들도 스스로 석탄 사용을 포기하고 과거 가난하고 암울했던 공산주의로 되돌아갈 리가 없다. 사실 EU는 재생에너지가 EU 제품의 가격을 비싸게 했기 때문에 탄소세의 관세화를 도덕적으로 합당한 것으로 만들어 EU 소속이 아닌 경쟁국들의 비용을 인상하는 시도를 하고 있다. 탄소국경조정제도(CBAM: Carbon Border Adjustment Mechanism)으로 불리는 이 관세제도는 결국 수입 제품의 가격을 올려 자국민에게 경제적 부담을 가중시키게 될 것이다.

호주의 석탄

호주는 세계에서 석탄 대량 생산국 중 하나다. 그래서 석탄은 호주의 가장 큰 수출 수익원이다. 생산 비용은 지금까지 계속 상승하였고, 그 결과 호주 석탄 광산의 절반 이상이 전 세계 평균보다 높은 비용으로 가동된다. 호주의 생산 비용은 전 세계 평균의 3분의 2를 상회한다. 그나마 호주 석탄은 탁월한 품질의 프리미엄 가격으로 이러한 비용을 보상받는다. 하지만 지금 중국으로 수출하는 증기기관용 석탄은 인도네시아가 호주를 추월했다.

세계 각국의 이해관계가 얽힌 정치적 압력으로 인해 호주는 이산화탄소 배출 감축을 결정할 수밖에 없었다. 그로 인한 유일한 결과는 산업을 더욱 경쟁력 없게 만들고 실업률을 높이며 생활비 인상만 가져올 뿐이었다. 만약 한 국가가 어떤 터무니없는 이유로 가상의 기후 위기로부터 지구를 구한다고 석탄 수출 중단을 결정한다면, 다른 국가가 대신 수출하여 그 시장을 차지하게 될 것이다. 불확실한 공급으로 시장을 잃게 되면 신뢰는 사라지고 그 시장은 다시 찾을 수 없게 된다.

저렴하고 풍부한 에너지는 경제성장의 핵심 요소이며 안정적이고 신뢰할 수 있는 전기는 국민의 기본 생존권이다. 호주는 앞으로 수천 년 동안 사용할 수 있는 석탄과 우라늄을 보유하고 있다. 저렴하고 풍부한 석탄 매장량을 고려한다면 원자력은 당분간 필요하지 않다고 할 수도 있다. 하지만 에너지원의 다양화는 에너지 안보를 강력하게 한다.

인도의 미래

인도는 세계 1위 인구 대국이다. 2023년 5월 중국을 추월하더니 2024년 기준으로 14억 5천만을 넘었다. 재생에너지로는 인구 대국 인도의 급증하는 전기 수요를 따라갈 수 없다.[4] 세계석탄협회(World Coal Association)에 따르면 석탄은 2040년까지 인도에서 가장 큰 단일 전력원이 될 것이다. 국영 기업인 인도석탄공사는 2021 회계연도에 32개의 석탄 채굴 프로젝트를 승인했다.[5]

2019년 세계 에너지 보고서(Statistical Review of World Energy)에 따르면 세계 최대 석탄 사용 국가는 중국(51.7%)이며 그 뒤를 인도(11.8%)와 미국(7.2%)이 따르고 있다. 중국과 인도는 앞으로 더 많은 석탄을 사용하려고 준비 중이다. 나머지 국가들이 석탄화력발전소 가동을 중단하여 경제적 자살행위를 감행하더라도 전 세계 이산화탄소 배출량에는 아무런 차이가 없을 것이다.

인도에서는 약 13%의 가정이 여전히 전기를 사용할 수 없다. 2020년에 화석 연료는 인도 에너지 소비의 90%를, 그리고 그중 석탄은 전체 발전량의 약 72%를 차지했다. 인도는 1인당 국민소득을 늘리기 위해서는 석탄을 더 많이 사용해야 할 것이다. 하지만 녹색주의자들은 인도인들이 가난에서 벗어나지 못하게 막는다. 그들은 인디라 간디(Indira Gandhi)가 한 "**가난이 최악의 오염이다**"라는 말을 명심하길 바란다.

인도는 중국과 미국에 이어 세계 세 번째 에너지 소비국으로 2030년경에는 EU를 추월할 것이다.[6] 국영 인도석탄공사는 2016~2017년에 총 6억 1,500만 톤의 생산량을 기록하여 2011~

2012년의 4억 3,600만 톤에 비해 1억 8,000만 톤을 증가시켰다. 2021년에는 연간 총 석탄 생산량이 5억 9,600만 톤이 될 것으로 예측했으나 실제로는 7억 7,800만으로 30%가량 초과했다.[7]

인도의 에너지 사용량은 2000년 이후 두 배로 증가했으며 수요의 80%는 여전히 석탄, 석유, 그리고 고체 바이오매스로 충당하고 있다. 인도는 가까운 미래에 인구 1인당 자동차 보유가 5배, 석유 수요는 74%, 석탄 및 가스 소비는 50% 증가할 것이며, 전력 시스템은 EU보다 더 방대해질 것으로 전망하고 있다.[8]

녹색주의자들이 이산화탄소 배출량을 줄이고 석탄화력발전소가 줄어들기를 원한다고 해서 인도인들이 영원한 가난을 선택하지는 않을 것이다. 서방 국가들은 녹색주의자들의 정책에도 생존은 할 수 있을 것이다. 하지만 인도와 같은 개발도상국들은 빈곤과 질병, 그리고 죽음을 초래하게 될 것이다.

아프리카의 선택

아프리카 사하라 사막 이남의 국가들은 서구 녹색주의자의 압력에도 불구하고 석탄화력발전소 건설을 계획하고 있다. 남아프리카 공화국에서 경제성이 있는 석탄 매장량은 약 320억 톤이며 전체 석탄 자원은 아마 이보다 훨씬 더 많을 것이다. 현재 두 개의 대규모 4,800MW 석탄화력발전소가 건설 중이며, 앞으로도 약 300MW 규모의 소형 발전소 건설을 계획하고 있다.[9] 사하라 이남의 아프리카는 값싼 전기가 필요하고 방대한 석탄 자원으로부터 수익을 창출해야 한다. 그리고 석탄화력발전소 건설을 통해 번영을 추구할 수 있을 것이다.[10] 이것이 영원히 만연한 빈곤에서 벗어날 수 있는 첫 단계다.

내륙에 있는 보츠와나(Botswana)는 다이아몬드와 관광에 의존하고 있는 경제를 다각화할 필요가 있다. 또 석탄 자원 개발에는 자본과 인프라가 요구되겠지만 막대한 석탄 매장량으로부터 부를 창출해야 한다. 탄자니아(Tanzania)는 연간 전력량 1,000MW를 생산하고 있지만 필요한 전력은 2,000MW이며 GDP는 연간 7%씩 증가하고 있다. 따라서 전력 생산량이 크게 늘어야 하는 상황이다. 전 세계의 다른 모든 지역과 마찬가지로, 소득이 늘어나면 전력 수요도 증가한다. 현재 탄자니아는 바이오매스가 주 에너지원이며, 전력 생산에는 가스 30%, 수력 30%, 석탄 30%, 바이오매스 10%로 구성되어 있다.

유엔 국제개발기구(UN AID: UN Agency for International Development)에서는 전기가 식품, 음료, 백신을 냉장 보관하고, 학생들이 밤에도 공부하고 기업이 늦은 시간까지 작업을 계속할 수 있도록 하고, 음식을 밤새 신선하게 유지하며 사회를 안전하게 만들기 위해 중요하다는 점을 인식하고 있다. 하지만 유엔의 아프리카 에너지 재정 정책은 석탄발전이 아닌 태양광과 풍력발전을 지원하기 때문에 빈곤, 비참, 질병, 절망, 조기 사망이 영구화되고 있다. 이처럼 유엔의 기후 정책은 가난한 자들을 저주하고 있을 뿐이다. 하지만 아프리카인들은 유엔의 지구를 살린다는 허황된 이념보다 잘 먹고 사는 것을 선호할 것이고, 또 부유한 삶이 기후 재난을 극복하는 현명한 방법임을 알 것이다.

번영으로 가는 정답

녹색주의자들은 세계 모든 나라에 "자멸이냐 아니면 번영이냐"라는 선택지를 주고 있다. 일부 서방 국가들은 녹색주의자들의 사이비 과학에 속아 자멸의 길을 택했다. 하지만 지구 대기 이산화탄소 농도는 어떤 반응도 보이지 않았다. 반면에 개발도상국들은 묵묵히 자국의 번영을 위해 석탄발전을 계속 증가시키고 있다.

"자멸이냐 아니면 번영이냐"라는 선택지의 답은 1998년 노벨물리학상 수상자 로버트 로플린(Robert Laughlin) 미국 스탠포드대 교수의 다음 명언에 있다. "기후는 인간의 통제 능력 밖이다. 그냥 가만히 두라. 인간은 기후 변화에 대해 어떤 일도 할 수 없고 해서도 안 된다. 기후 변화는 지질학적 시간의 문제로 지구에서 일상적으로 일어나는 일이다."

하지만 부패한 과학자들은 데이터를 조작하여 인간이 지구의 기후를 변화시켰다는 유엔 보고서를 만들어냈다. 그리고 많은 아둔한 과학자들은 그 보고서를 맹목적으로 믿고 있다. 더욱 아둔한 과학자들은 지구의 기후를 바꿔보겠다고 열심히 노력하는 자들이다. 그들은 인간의 삶을 통제하면 날씨가 좋아질 것으로 찰떡같이 믿고 있다. 21세기 과학계의 슬픈 현실은 사이비 기후 과학을 만든 부패한 과학자들과 그것을 맹신하는 아둔한 과학자들이 넘쳐난다는 사실이다. 불행하게도 많은 서방 국가들은 그들로 인해 자멸의 길로 가고 있다.

제8장
수상한 중국

인구 14억이 넘는 중국은 세계를 끌어가는 패권국이 되려고 한다. 과거 대부분의 중국 사람들은 극심한 가난에 시달려왔다. 하지만 지난 30여 년 동안 경제가 40배 이상 성장하면서 많은 중국인이 가난에서 벗어났고 지금은 상당한 중산층도 형성하게 됐다. 또 수억 명의 인구가 시골에서 도시로 이주했다. 이는 세계적으로 짧은 기간에 일어난 가장 큰 규모의 이주다. 현재 중국의 중산층은 서방 국가에 버금가는 생활 수준을 누리고 있다. 그들이 사용하는 생필품 통계는 상상을 초월한다.

강력한 석탄의 힘

중국의 급속한 성장 뒤에는 강력한 석탄의 힘이 있었다. 석탄은 전력, 철강, 시멘트 등 모든 분야에 성장 동력을 제공했다. 중국은 지금까지 세계 석탄 53%를 소비했으며, 특히 2011년부터 10년 동안 석탄 소비가 두 배 이상 증가했다.[1] 그동안 중국에서 발휘한 석탄의 힘은 서방 국가의 산업화 시기보다 훨씬 더 빠르고 강력했다. 중국에서 석탄의 힘은 앞으로도 계속해서 놀라운 위력을 발휘할 것이다.

중국은 그동안 1,000개가 넘는 석탄발전소를 건설했다.[2] 특히 지난 10년 동안 중국은 지구상에서 가장 많은 석탄발전소를 건설했고 현재 매주 두 개의 신규 석탄발전소를 가동하고 있다.[3] 2020년 중국이 건설한 석탄발전소는 다른 모든 나라가 건설한 발전소를 합한 것의 3배가 넘는다.[4] 이 수치는 새로 공개된 전 세계 석탄발전 용량의 80% 이상을 차지한다.[5] 중국은 앞으로 더 많은 석탄발전소를 건설할 전망이다. 미국 에너지정보국(US EIA: Energy Information Administration)은 중국이 2040년까지 4억 5천만 kWh 이상의 새로운 석탄발전 용량을 확보할 것으로 추측하고 있다.

석탄의 또 다른 힘은 철강 생산에서 볼 수 있다. 중국에서는 매일 약 200만 톤의 철강이 생산되고 있다.[6] 철강 1톤을 생산하는 데 약 1.7톤의 석탄이 필요하다. 2021년 중국은 8억 8,800만 톤의 선철(Pig Iron)과 10억 5,300만 톤의 조강(Crude Steel)을 생산했다.[7] 철강 생산을 위해 최고 품질의 야금용 석탄이 필요하다. 중국은 자국의 야금용 석탄은 품질이 좋지 않고 매장량도 고갈되어 가기 때문에 호주나 미국으로부터 수입하고 있다. 현재 전 세계 철강 생산으로 인한 탄소 배출량의 60% 이상이 중국에 의한 것이다.

중국에서 철강은 매년 2천만 대의 자동차 생산과 빌딩 건축,

고속도로와 철도 건설에도 사용된다. 향후 10년 동안 중국은 4만 km의 철도를 건설할 예정이다. 중국은 이미 세계에서 가장 빠른 열차와 가장 긴 고속철도망을 보유하고 있다. 중국의 동서를 연결하는 세 번째 가스 파이프라인은 강철로 만들어졌으며 그 길이는 7,400km다. 중국의 철강 고소비는 앞으로도 계속될 것이다.

중국은 현재 세계 시멘트의 53%를 소비하고 있다. 시멘트 생산 소성로에는 석탄을 태워 열을 공급한다. 또 석회석을 가공하기 위해 석탄발전 전력을 사용한다. 석회석의 44%를 차지하는 이산화탄소는 시멘트 생산 공정에서 대기로 방출된다. 시멘트는 철근 첨가로 강화된 콘크리트가 되어 도로, 철도, 도시 등의 건설에 활용되고 있다.

중국의 석탄 매장량은 세계 3위(13.3%, 미국 27.6%, 러시아 18.2%)에 불과하지만,[8] 소비량은 세계 1위(51.7%. 인도 11.8%, 미국 7.2%)다.[9] 다른 나라들은 녹색주의자들의 압력으로 석탄 소비량을 줄이는 추세다. 하지만 중국은 그들을 따르지 않고 있다. 중국의 2023년 석탄 생산량은 47억 1천만 톤으로 전년 대비 3.4% 증가한 사상 최고치를 기록했다. 중국은 자국 생산량도 모자라 전 세계 석탄 생산량의 47%를 수입하고 있다. 주요 수입원은 미국, 호주, 러시아, 몽골 등이다. 수입한 석탄은 발전과 철강 생산에 사용된다.[10] 중국은 세계가 경탄할 석탄 강국이다.

　　　　　　　　　　　　　제2부 석탄과 인류 문명

믿을 수 없는 탄소 중립

지난 수십 년 동안 시골에서 도시로 이주한 수억 명의 중국인은 또 다른 온실가스 배출 증가를 가져왔다. 도시는 시골에 비해 인간의 활동으로 인한 이산화탄소의 배출이 매우 큰 지역이기 때문이다. 167개의 글로벌 도시들을 조사한 바에 따르면, 상위 25개가 모든 도시 온실가스 배출량의 52%를 차지하고 있다. 중국에는 이 상위 25개 배출 도시 중 23개가 있다.[11]

중국은 2006년부터 미국을 제치고 세계 최대 온실가스 배출국이 됐다. 이후 배출량은 급속히 증가하여 2024년 현재 중국의 연간 배출량은 미국과 유럽연합 27개국의 배출량을 합한 것보다 많다.[12] 연간 배출량 증가 속도는 세계 어느 국가와 비교도 안 될 수준이다. 하지만 중국은 2060년까지 탄소 중립을 달성하겠다는 약속을 했다. 그러고도 2030년까지는 이산화탄소 최대 배출량으로 갈 계획이라고 한다.[13] 이는 명백한 거짓말이다.

이상하게도 중국이 세계를 향해 이런 거짓말을 해도 녹색주의자들은 그것을 믿는다. 2019년에 시진핑이 중국은 2060까지 탄소 중립을 달성하겠다고 약속하자 녹색주의자들은 아부성 찬사를 보냈다.[14] 2021년 3월에 발표된 중국의 5개년 계획을 보면 경제에 활력을 주기 위해 석탄에 더 많은 투자를 할 것이며 재생에너지의 증가는 그다지 많지 않다.[15, 16, 17, 18] 녹색주의자들은 중국의 "이용 가치가 있는 멍청이들"에 불과하다.

석탄발전소는 건설 기간이 짧고 평균 수명은 최소 50년이다. 2030년까지 석탄발전소를 계속 건설하고 2060년까지 탄소 중립을 달성하겠다는 약속은 볼 만한 게임이다.[19] 철강 생산도 마찬가지다. 중국은 2021년에도 용광로를 18개나 건설했다.[20] 서방 국가의 녹색주의자들이 내놓은 기후 이데올로기로 인해 중국이 가장 값싼 에너지와 철강 생산을 포기할까? 수명이 남아 있는 석탄발전소와 용광로를 폐쇄한다는 약속을 정말로 믿어도 되나? 중국의 약속은 절대로 믿지 말아야 한다. 그 약속은 초한전(경계를 뛰어넘는 전쟁) 전술에 불과하다.[21]

경제성장과 환경 개선

녹색주의자들이 중국에 찬사를 보내야 할 것은 시진핑의 기후 약속이 아니라 그동안의 대기 환경 개선이다. 2013년부터 2017년까지 중국의 초미세먼지(PM2.5)는 약 3분의 1로 줄었다.[22] 2013년 베이징의 PM2.5 농도는 WHO 권장 기준보다 40배 높았지만 2017년에는 27배 높았다.[23] 이러한 감소는 더 높은 품질의 석탄을 태우는 새롭고 효율적인 석탄발전소에 대한 투자, 그리고 필터, 전기 집진기, 보일러 효율 향상, 노후 공장 교체 및 새로운 차량용 배출 제어 장치에 대한 투자 증가의 결과다.

이러한 변화는 무엇보다 중국이 그동안 부유해졌기 때문이다. 중국 보유 자산은 점차 커지고 있다. 중국은 2013년에 1,040억 달러를 들여 2,600톤의 금을 매입했다. 이는 전 세계 연간 금 생산량보다 많은 양이다. 중국은 이제 금에 대한 국경을 개방함으로써 수십억 달러 상당의 금을 국가와 개인이 골드바, 동전, 보석 등의 형태로 소유하게 됐다.[24] 중국은 현재 매달

35억 달러 상당의 금을 75톤씩 수입하고 있다. 중국의 외환 보유액은 3조 2천억 달러로 이는 세계 최대 수준이다.

중국은 국민소득이 증가하면서 농업 생산성이 향상됐고 단백질 공급원도 다양해졌다. 중국에는 전 세계 돼지 사육 43개국을 합친 것보다 더 많은 돼지가 있다.[25] 와인은 소비자의 부유함을 나타내는 척도다. 중국은 현재 프랑스와 아메리카 대륙에 와인 생산 공장을 소유하고 있다.[26] 와인을 직접 제조할 뿐만 아니라 세계 여러 나라에서 수입도 하고 있다. 이는 50년 전에는 들어 보지도 못한 이야기이다. 중국에서 1초에 5만 개의 담배가 소비된다는 놀라운 통계가 있지만 평균 수명은 길어지고 있다.

지난 반세기 동안 중국에서 옥수수 생산량은 두 배로 늘었으며, 단위 면적당 생산량은 4.5배 이상 증가했다.[27] 이렇게 향상된 생산성 효율 덕분에 농경지로 개간되지 않고 보전된 1억 2천만 헥타르의 땅은 프랑스 크기의 두 배다. 중국은 삼림이 지난 50년간 30% 이상 늘어났다. 중국이 부유해짐에 따라 인구 증가율은 감소하고 있다. 중국에는 산업 혁명뿐만 아니라 지식 혁명도 있고, 과학 연구 논문 발표 건수 순위도 14위에서 2위로 옮겨갔으며, 세계에서 가장 빠른 슈퍼컴퓨터를 보유하고 있다. 2025년 1월에는 딥시크(DeepSeek)라는 AI를 개발해 세계를 깜짝 놀라게 했다.

몇십 년 전만 해도 중국은 18세기 유럽 수준이었다. 누가 중국이 기록적으로 짧은 시간 내에 부유한 선진국 수준으로 진입하려는 것을 비난할 수 있겠는가? 하지만 중국의 성장 욕구와 석탄 사용 추이는 그들이 주장하는 2060년까지 탄소 중립을 달성하겠다는 약속과는 상반된다. 중국은 아무리 생각해도 수상하다. 정말 이해할 수 없는 것은 녹색주의자들이 세계 최대의 이산화탄소 배출원인 중국에 아부성 찬사를 보낸다는 사실이다. 그들의 기후 이데올로기에 따른다면 북경 천안문 광장에서 기후 위기 시위를 해야 하는 것이 아닌가?

녹색 비밀 병기

중국은 세계 공산화를 위한 녹색 비밀 병기가 있다.[28] 첫 번째 병기는 자국의 석탄 사용은 계속 증가시키면서 타국의 탄소 중립을 위해 열심히 노력하는 것이다. 그래서 중국은 태양광 패널, 풍력 터빈, 리튬 배터리 등과 같은 녹색 제품 압도적 생산 1위 국가가 됐다.[29] 이 제품들은 석탄발전소에서 생산된 전기로 만들어진다. 중국은 바보가 아니기 때문에 자국의 산업에는 태양광이나 풍력으로 생산한 비싼 전기를 사용하지 않는다. 대신 녹색 제품들을 서방 국가에 팔아넘긴다.

서방 국가들은 이런 제품으로 국가 보조금을 줘가면서 비싼 전기를 생산하여 자국 산업의 국제 경쟁력을 떨어뜨리고 있다. 또 자국민에게는 지구를 살린다며 비싼 전기 요금에 기후환경 요금까지 받아내고 있다. 중국의 녹색 전략에 걸려든 국가의 더 큰 문제는 비싼 에너지 가격으로 모든 국민이 물가 상승과 인플레이션 고통을 겪어야 한다는 사실이다. 중국은 뒤에서 돈을 챙기며 웃음을 참지 못하고 있다. 이는 과학에 무지한 서방 국가 정치인들이 녹색주의자들에게 속아 자신에게 표를 준 국민을 상대로 벌이는 폰지 사기극이다.

중국의 또 다른 녹색 비밀 병기는 화석 연료 동맹이다. 중국은 2001년 주변 4개국(러시아, 카자흐스탄, 타지키스탄, 키르기스스탄)과 함께 상하이 협력기구(SCO: Shanghai Cooperation Organization)를 결성했다.[30] 이 기구의 목적은 테러와의 전쟁, 국경 안보 증진, 정치적 유대 강화, 경제 협력 확대 등이다. 이후 인도, 파키스탄, 이란, 타지키스탄, 벨라루스가 회원국으로 합류했고, 현재 석탄과 광물이 풍부한 몽골은 "옵저버" 자격에 있으며 지금도 많은 나라가 가입을 희망하며 줄을 서있다. "대화 파트너"로 참여하여 회원국으로 가기 위해 노력하는 국가 중에는 바레인, 카타르, 아랍에미리트, 사우디아라비아와 같은 주요 석유와 가스 생산 국가들이 포함되어 있다.

많은 국가가 참여를 원하는 것은 중국이 세계 최대 석탄 및 석유 수입국이기 때문이다. 서방 국가들이 탄소 배출 감축을 위해 화석 연료 수입을 계속 줄이자 수출국들이 새로운 고객을 찾아 나선 것이다. 그래서 석탄·석유 수출국들은 서방 국가와는 멀어지고 중국과 더 가까운 관계를 갖게 됐다. 상하이 협력기구는 이미 세계 인구의 42%와 GDP의 32%를 차지하고 있다.

중국은 이를 이용하여 군사적 야망도 달성하고 있다. 상하이 협력기구는 2007년 다른 회원국에서 군사 훈련을 할 수 있는 법적 권리와 책임을 명시한 협정도 체결했다. 이 협정은 중국군이 해외에서 장거리 동원, 대테러 임무, 안정 유지 작전, 재래식 전쟁 등의 공중 및 지상 전투 작전을 수행할 수 있도록 허용하고 있다.

중국은 화석 연료 동맹으로 경제적·군사적 강국을 향해 가고 있지만 서방 국가들은 경제력과 국방력을 함께 약화시키고 있다. 서방 국가에서 이런 터무니없는 일이 벌어지는 것은 내부에 무서운 적이 도사리고 있기 때문이다. 존재하지도 않는 기후 위기를 외치면서 탄소 중립만이 지구를 구한다며 화석 연료 사용 중단을 끊임없이 요구하는 녹색주의자들이 바로 그들이다.

불행하게도 한국에는 유난히 많은 과학자라는 자들이 녹색주의들과 합세하여 사회경제적 몰락을 불러오고 있다. 그들은 부끄럽게도 언론의 부추김과 연구비에 영혼을 팔아 과학적 진실을 알리려고 하지 않는다. 이안 플리머 교수의 원저에는 있지만 차마 번역하지 못하는 문장이 "Green activists are essentially Chinese prostitutes"다. 제발 우리 과학자들은 기후 선동보다 진실 알리기에 동참해주길 바란다.

평생 지구의 기후를 연구한 미국 MIT 리처드 린젠 교수도 다음과 같이 중국을 암시하며 말했다. "기후 위기 선동자는 어리석고 악의적입니다. 그것은 서방 국가의 경제를 파괴하여 노동 중산층을 빈곤하게 만들며 우리 아이들을 미래가 없는 절망에 빠지게 합니다. 또 수십억 명의 세계 극빈층을 지속적인 기아와 가난에 머물게 합니다. 동시에 서방 국가의 사회경제적 자살 행진을 보고 즐기는 적들을 부유하게 할 것입니다. 너무 늦기 전에 이 악몽에서 깨어나길 바랍니다."

CRITICISM
OF GREENISM

제3부
오지 않는 세상의 종말

세상의 종말에 관한 예측은 수없이 많이 있었다. 만약 그중 단 하나 만이라도 일어났다면 오늘날 우리는 지구에 존재하지 않을 것이다. 녹색주의자들은 지난 반세기도 넘게 인구 과잉, 식량 부족, 자원 고 갈, 환경 오염, 지구 냉각화 등을 이유로 인류의 암울한 미래를 예측 해왔다. 지금도 그들은 비관적 예측을 계속하고 있지만 실제로는 그 반대 현상이 일어나고 있다.

> 영국 광부 파업(1984~1985년)의 배후에는 공산주의자들이 있었다. 우리는 광부 파업을 격파했다. 이후 공산주의자들은 환경 운동에 침 투하기 시작했다. 기후 위기 선동은 자본주의 핵심 요소인 저렴한 에너지원을 파괴하는 것이기 때문에 그들에게는 호재다.
> - 크리스토퍼 몽크톤(Christopher Monckton, 영국), 마거릿 대처 수상 과학자문관
> <출처: 트럼프는 왜 기후협약에서 탈퇴했나?, 박석순, 세상바로보기, 2025>

지금의 지구 온난화가
인간의 화석 연료 사용으로 인한 것이
아님을 보여주는 증거 3

- 약 3,000년 전 미노안 온난기 -

노르웨이 빙하가 녹으면서 드러난 고대 유물: 당시는 지금보다 기온이 높아서 그곳에 사람들이 거주했다.

자료: McFall-Johnsen, M., 2025: Archaeologists are finding mysterious ancient objects on Norway's melting glaciers. Take a look. https://www.businessinsider.com/archaeologists-discovering-ancient-artifacts-norways-melting-glaciers-photos-2025-2

제9장
녹색주의자와 종말론

세상의 종말에 관해서는 적어도 2,000년에 가까운 역사가 있다.[1, 2] 이는 지루할 정도로 긴 목록이다. 여기서는 그중 유럽 각국의 몇 가지만 간략하게 소개한다. 대부분의 종말론은 종교적, 도덕적, 권위주의적, 수학적, 그리고 과학적으로도 그럴듯하게 포장되어 있다. 종말론은 실패를 거듭하고 있지만 인간은 나약하고 미래가 불안한 존재이기 때문에 여전히 현혹되고 있다.

종말론의 역사

그리스도 탄생 후 1,000년 뒤에 최후의 심판이 온다는 예언이 있었다. 서기 999년에 많은 어리석은 농부들이 어차피 죽을 것이라며 농작물을 심지 않았다. 정작 그들은 기아로 인해 죽었다. 서기 992년, 당대 뛰어난 학자라는 독일 튀링겐의 베르나르(Bernard of Thüringen)는 세상에 남은 시간은 32년이라고 예언했다. 그는 남았다고 예언한 32년을 다 채우지 못하고 먼저 세상을 떠나고 말았다.

홍수는 인간의 뇌에 무섭게 각인된 재앙이다. 서기 1523년에 세계적인 대홍수가 일어날 것이라는 예측은 당시 사람들을 공황 상태에 빠지게 했다.[3] 약 2만 명의 영국 런던 시민들은 자기 집에 있는 것보다 차라리 높은 언덕 위 야외에서 좀 더 살다가 죽는 것이 낫다고 생각했다. 그래서 그들은 도시를 떠나 더 높은 곳으로 이동했다. 그러나 홍수는 일어나지 않았다.

이 예언은 니콜라오스 페란조누스 드 몬테 산테 마리에(Nicolaus Peranzonus de Monte Sante Marie)라는 길고 그럴듯한 이름을 가진 점성술가에 의해 1524년으로 수정되었다. 영국과 유럽 대륙에서는 이 예언을 믿고 사람들은 광적으로 선박을 건조했다. 독일의 카운트 본 이글하임(Count von Iggleheim) 백작은 3층짜리 방주를 만들었고 비가 많이 온 날(서기 1524년 2월 20일)에 그 안으로 피신했다. 군중은 백작의 방주 밖으로 모여들어 승선을 요구했으나 거절당했다. 그러나 비는 조용히 그쳤고 분노한 군중은 수백 명이 압사했으며 백작은 돌에 맞아 죽었다. 서기 1524년은 유럽에 가뭄이 든 해로 기록됐다.

오스트리아 비엔나의 주교 프레데릭 나우지아(Frederik Nausea)는 하늘에서 검은 빵이 떨어지는 등 온갖 이상한 일들이 벌어지는 꿈을 꾸고 서기 1532년에 종말이 올 것이라고 예언했다. 하지만 세상이 늘 그랬던 것처럼 어떤 변화도 없었다. 그러자 독일 로하우의 스티펠리우스(Stifelius of Lochau)라는 자가 여기에 시간까지 넣어 '1533년 10월 3일 오전 8시를 기하여 세상 종말이

올 것'이라고 훨씬 더 정교하게 수정했다. 그의 예측은 정확히 틀렸다. 로하우 주민들은 스티펠리우스가 불안감을 조장하는 유언비어를 퍼뜨린 것에 대한 대가로 그를 흠씬 두들겨 팬 다음 마을에서 쫓아냈다. 다행히도 그는 목숨을 부지할 수 있었다.

프랑스 스트라스부르의 재침례교도(Anabaptist) 멜키오르 호프만(Melchior Hoffman)은 서기 1533년에 세상이 불덩이가 될 것이며 단지 144,000명만이 생존하게 될 것이라고 예언했다. 그러나 세상은 끝나지 않았고 사람들은 그대로 잘 살고 있었다. 다시 계산한 결과 세상이 서기 1542년에 멸망할 것이라 했지만 아무 일이 없었다.

프랑스 디종의 피에르 투렐(Pierre Turrell)은 1537년, 1544년, 1801년 아니면 1814년에 세상의 종말이 올 것이라는 예측을 했다. 세상의 종말은 단 한 번이면 되고 그로써 끝나는 것이다. 투렐의 종말은 오늘날 기후 컴퓨터 모델에서 시나리오에 따른 예측과 유사하다. 이러한 예측은 괴담을 조장하는 사람이 죽고 나서야 확인될 수 있는 것이다. 그래서 기후 모델도 2100년을 기준으로 예측한다. 이제는 세월이 흘러 21세기가 되었기 때문에 투렐이 틀렸다고 봐도 무방할 것 같다.

수학과 과학이 더해진 종말론

어떤 이는 1947년에 세상 종말이 온다고 예측하기도 했다. 하지만 두 차례의 끔찍한 세계대전은 1945년에 끝이 났다. 실패가 지겹도록 반복되니 그 외 엉터리 종말 예측들은 생략하겠다. 이런 부류의 예측은 대부분이 종교와 도덕에 바탕을 둔 세상 종말이었다. 이후 좀 더 그럴듯한 수학적이고 과학적인 종말론도 등장하기 시작했다.

1974년 출간된 책『목성 효과(The Jupiter Effect)』는 행성이 나란히 정렬되면 지구가 대지진으로 끝날 것이라는 예측을 했다.[4] 과거에도 행성이 나란히 정렬된 경우가 수천 번 있었지만 지구는 끝나지 않았다. 이 예측 역시 과거와 다를 바가 없었다. 하지만 일부 지구과학자들은 행성의 정렬이 화산 활동, 지진, 조수, 심지어 기후에도 영향을 미칠 수 있을 것으로 예측했다.

1980년에 점성술가 잔 딕슨(Jeanne Dixon)은 혜성이 지구를 파괴할 것이라고 예측했다.[5] 하지만 아무 일도 없었다. 혜성이 그녀의 이성을 파괴했을 것 같다. 1980년 12월 31일 천칭자리에서 토성과 목성이 거의 나란히 했을 때, 세상이 끝난다고 했다. 그러한 결합은 매우 흔하다. 세상 사람들은 종말의 시간을 무사히 넘겼다. 예측한 자의 뇌가 종말에 가까워진 것 같다.

20세기가 끝나기 전에 세상의 종말이 온다는 예측은 여러 차례 있었다. 어떤 창조 신학은 하나님의 하루가 인간의 1천 년에 해당하며 6일 동안 창조에 매진하고 7일째 휴식을 취한다고 했다. 그래서 지구는 6천 년이 지나면 휴식에 들어가야 하는데 그 시점이 1996년이라고 했다. 또 노스트라다무스(Nostradamus)의 4행시는 1999년 7월이 종말의 날이라고 예언했다. 컴퓨터 소프트웨어 판매업자들은 새천년 종말론(Millennium cults) 예언자들 덕분에 1999년 12월 31일에 한몫 챙겼다. 컴퓨터는 Y2K 버

그로 고장 나지 않았고 비행기 추락도 없었다. 세상은 21세기로 이어져 지금까지 아무 일이 없다.

새로운 종말론의 시작

모든 종말론은 실패했다. 하지만 지금도 사이비 종교들은 전통적인 종말론으로 미개한 사람들을 속이고 자신들의 이익을 취하고 있다. 녹색주의자들은 좀 더 세련된 방법으로 종말론을 만들어 세상을 속이고 인류 문명을 파괴하려고 한다. 그리고 그 세련된 종말론은 선진 산업국을 중심으로 매우 성공적이어서 유엔이나 유럽연합과 같은 국제기구까지 장악하기에 이르렀다. 특히 세계경제포럼(다보스포럼)과 같은 국제회의는 녹색주의자들의 요구를 논의 주제로 채택하고 있다.

녹색주의자들은 인간 악마론에 심취해있다. 그리고 그들은 인간을 탐욕스러운 동물로 생각하고 많은 인간이 지구에 태어나는 것을 혐오한다. 그들의 종말론은 과학을 교묘하게 이용하여 지금의 산업 문명은 인류 스스로 멸망의 길을 가고 있다고 한다. 그들은 슈퍼컴퓨터까지 동원하여 종말론의 신뢰도를 높였다. 하지만 그들의 종말론은 과학의 기본적인 방법론을 무시하기 때문에 시간이 지나면서 거짓임이 밝혀질 수밖에 없다.[6]

지난 수 세기 동안 과학계에는 성공도 있었지만, 실수, 오류, 공상, 그리고 사기도 있었다.[7] 대표적인 사례로 태양계 부동설(움직이지 않음), 지구의 나이, 1년의 길이, 라마르크주의(획득형질 유전), 창조론, 플로지스톤(Phlogiston, 연소 이론) 등 수없이 많다. 이들은 모두 당시 과학자들에 의해 인정받던 "합의된" 이론이었지만 후에 틀렸음이 확인됐다.

약 500년 전, 주류 과학계는 태양이 지구를 돈다고 했다. 150년 전의 주류 과학계는 유인 비행은 불가능하다고 했다. 100년 전 주류 과학계는 대양을 횡단하는 비행은 불가능하다고 했다. 90년 전 과학계의 주류 의견은 우주 비행이 불가능하다는 것이었고, 80년 전에는 대륙은 움직이지 않는다는 것이 주류 의견이었다. 하지만 지금 이 모든 주류 의견들은 완전히 틀린 것으로 밝혀졌다.

사기, 거짓말, 사리사욕, 나르시시즘(자기애), 무지, 고의적인 누락, 과장, 편협 등은 사회의 모든 부문에서 헤아릴 수 없이 많다. 과학자들도 예외는 아니다. 지난 수백 년 동안 남다른 생각을 했던 저명한 과학자들이 비방을 받아왔다. 하지만 시간이 지나면서 종종 그들의 생각이 옳았음이 입증됐다. 오늘날 기후 과학에서도 이런 일이 일어나고 있다. 이산화탄소는 온실가스지만 인간이 배출하는 양은 지구의 기후에는 어떤 영향도 미치지 못한다는 사실이 명백해지고 있다.

기후 과학자들이 만든 종말론

지난 1970년대에 소위 기후 과학자라는 자들이 가까운 미래에 빙하기가 도래할 것이라고 했던 예측은 전부 틀렸다. 아이러니하게도 그때 빙하기의 임박을 예측했던 과학자라는 자들은 다시 온난화로 인해 지구가 망할 것이라 하다가 사라졌다. 신기하게도 그들이 가뭄을 예측하면 홍수가 오고 홍수를 예측하면 가뭄이 왔다. 이들은 정말 부끄러운 과학자들이다.

세상 사람들에게 공포를 조성해야 주목을 받는 과학이 있다. 부끄러운 과학자들이 그 과학으로 종말론까지 만들었다. 그 과학은 동료 심사를 거쳤지만 질이 떨어지고 거짓말과 사기 수준의 논문이 게재되기도 하는 것이 특징이다. 그 과학에서 소위 동료 심사의 황금(높은 평가) 기준이라는 것은 편집자와 평가자의 편견에 크게 영향을 받는다. 그래서 평가 기준이 신뢰할 수 있는 척도가 아닐 수 있다.

부끄러운 과학자들은 자신들의 지구 온난화 히스테리에 동의하지 않는 과학자들에게 사형 선고 때나 하는 공개재판을 요구하고 있다. 그들은 기후 선동가들과 함께 지구 온난화가 너무 심각해서 민주주의를 중단해야 한다는 주장도 하고 있다. 기후 선동에 동참하지 않는 과학자라는 자들도 한심하다. 아무도 기후 선동에 반대하는 성명을 발표하지 않고, 견해를 달리하는 저명한 학자의 사무실을 습격한 자들에게 항의하지도 않는다. 그냥 침묵으로 일관하고 있다.

교육에 침투한 녹색주의자

부끄러운 과학자들이 양육되는 배경에는 교육 제도의 문제가 있다. 지금 서방 국가의 교육 제도는 더 이상 청소년들에게 생각하고, 추론하고, 비판하고, 분석할 수 있는 능력을 부여하지 않는다. 더 많은 양의 지식을 기억하도록 하고 질문은 금기

시했다. 하지만 질문은 어떤 사실을 바르게 알기 위해 필수적이다. 아무도 교육자가 소중히 여기는 이념을 피교육자가 반박하거나 타도하는 데 필요한 교육을 제공하지 않고 있다. 오늘날 서방 국가의 교육 제도는 이념의 놀이터가 되었다. 녹색주의 이념은 교육에도 깊게 침투했다.

과거의 문명은 대부분 적국의 무력에 의해 파괴됐다. 하지만 지금은 적국의 무력이 아니라 교육자의 이념과 무지, 그리고 그들이 아이들에게 가르치는 엉터리 지식에 의해 문명이 파괴되고 있다. 교육자라는 자들도 자신이 소중히 여기는 특정 신념이 훼손되는 것을 원하지 않는다. 동시에 청소년들은 더 이상 진실을 듣고 토론에 참여하거나 책을 읽으려고 하지 않는다.

자칭 전문가라는 자들이 존재감을 과시하기 위하여 무서운 재앙과 세상 종말을 퍼뜨리고 있다. 전문가의 그런 언행은 일반인들의 관심을 끌어들인다. 언론은 지나치게 열광하고, 끔찍한 종말론을 듣길 원하는 군중들은 항상 있기 마련이다. 특히 지금의 교육 제도가 길러낸 무비판적인 군중들은 더욱 그렇다. 하지만 시간이 흐르면서 그러한 예측들은 모두 틀렸음이 밝혀질 것이다. 역사는 반복되기 때문이다.

결론은 간단하다. 우리가 여전히 살아있다는 사실이야말로 모든 세상 종말론은 틀렸음을 증명한다. 누군가 문을 두드리며 세상의 종말이 온다고 말하면, 개를 불러 쫓아버려라. 역사는 당신 편이다.

제10장
인구론과 식량 부족

지구에서 인구가 줄어들길 바라는 녹색주의자들의 죽음 숭배 사상은 맬서스 인구론에 뿌리를 두고 있다. 영국의 성직자였던 토마스 맬서스(Thomas Malthus)는 1789년에 출간한 저서 『인구론』을 통해 인구는 기하급수적으로 증가하지만, 식량은 산술급수적으로 증가할 수밖에 없어 과잉 인구로 인한 식량 부족은 필연적임을 알렸다.[1] 그는 결국 상당수가 가난 속에서 살다가 기아, 전쟁, 전염병 등으로 인해 죽게 됨으로써 인구와 식량의 불균형은 해소된다고 했다.

인구론의 부활

맬서스 인구론은 적자생존을 기초로 한 찰스 다윈의 『진화론(1859년)』에 영감을 줄 만큼 당시로서는 탁월한 것이었고, 이후에도 맬서스를 따르는 인구 및 환경 재앙에 관한 수많은 예측이 있었다. 하지만 맬서스는 과학기술의 발달이 가져온 화학 비료, 농약, 기계 농법, 관개 시설 등으로 농업 생산량이 급증하고 피임법의 발달로 인구 증가가 억제될 수 있다는 사실을 생각하지 못했다.

맬서스의 인구론은 처음에는 인정받았지만 100년을 넘기지 못한 채 틀렸음이 입증됐다. 1800년경 10억 명이었던 세계 인구는 1927년에 이르러 20억 명이 됐다. 같은 기간 평균 수명도 약 25세에서 두 배로 늘었다. 증가하는 인구를 식량 생산량이 따라가고 있었다. 제2차 세계대전이 끝나면서 베이비 붐이 일어났고 1960년대에 지구 냉각화가 가시화되면서 농업 생산성이 우려되기 시작했다. 그러자 폐기 처분했던 맬서스의 인구론이 다시 살아났다.

미국의 농학자 윌리엄과 폴 패독(William and Paul Paddock)은 1967년 1월에 출간한 『1975년 기아! 미국의 결정, 누가 살아남을 것인가?』라는 저서에서 식량 부족으로 인한 세계적인 대규모 아사를 예측했다.[2] 패독 형제는 세계 인구는 급증하고 있지만 식량 부족으로 이들을 먹여 살리는 것은 불가능함을 설득력 있게 기술했다.

인구 폭탄의 끔찍한 예측

이에 공감한 미국 스탠포드대 폴 에를리히 교수는 1967년 11월 17일 『솔트레이크 트리뷴(Salt Lake Tribune)』이라는 신문에 1975년에 심각한 기근이 발생할 것이라는 인터뷰를 하고, 1968년에는 『인구 폭탄(Population Bomb)』을 출간했다.[3] 그는 "식량 공급의 소폭 증가는 극복할 수 없고 인구 증가는 이를 완전히 앞지를 것"이라며 "향후 10년 동안 매년 최소 1~2억 명이 굶어 죽을 때까지 사망률은 계속 증가할 것"이라고 했다. 그는 또 "인류 역사상 가장 큰 재앙으로 죽을 사람들은 이미 대부분 태어났다"라는 끔찍한 예측도 했다.

곤충학자였던 그는 사람을 마치 파리나 모기처럼 대단한 번식력을 가진 동물로 착각했다. 그는 곤충과 사람의 번식과 생존 전략에는 차이가 있다는 생태학의 기본 지식도 없었다. 그는 1969년 유엔 산하 UNESCO 컨퍼런스에서 그런 번식력을 막기 위해서는 세계인의 식량에 피임약을 넣어야 한다면 나름대로 해법을 제시했다.[4] 그는 또 1970년 지구의 날 창립 기념으로 『프로그레시브(The Progressive)』 잡지에 1980년부터 1989년까지 6,500만 명의 미국인을 포함해 약 40억 명의 사람들이 굶어 죽을 것이라며 자신의 예측 능력을 과시했다.

그는 "일부 전문가들은 1975년까지 식량 부족으로 인해 세계 기아가 믿을 수 없을 정도로 심각해질 것으로 생각한다"라며 "좀 더 낙관적인 다른 전문가들은 식량과 인구의 최종 충돌은 1980년대의 10년 동안 일어날 것으로 생각한다"라고 했다. 그리고 그는 "1974년까지 물 배급, 1980년까지 식량 배급이 이루어지고 바다가 죽어갈 것이다"라고 말했다.[5] 어떻게 그런 사람이 미국 대학에서 일자리를 유지할 수 있었나? 미국에는 여전히 물과 식량이 풍부하다. 부족한 것은 그를 추종하는 녹색주의자들의 사고력이다. 집단 광기의 시간은 역사의 흐름에 따라 지나간다. 우리는 지금 그런 시기 중 하나에 살고 있으며 1970년대 또한 그런 시기였다.

기근은 오지 않았다

1970년 지구의 날을 주최한 당시 하버드대 대학원생 데니스 헤이즈(Denis Hayes)도 같은 부류다, 그는 "집단 기아를 피하기에는 이미 너무 늦었다"라고 주장했다.[6] 집단 기아는 소파에서 앓는 소리로는 해결될 수 없었다. 하지만 인간의 창의적 사고와 과학기술의 발달로 집단 기아는 일어나지 않았다.

1970년 미국 노스 텍사스대 피터 군터(Peter Gunter) 교수는 "인구학자들은 다음과 같은 암울한 시간표에 거의 만장일치로 동의한다고 말했다. 1975년까지 인도에서 광범위한 기근이 시작되고 1990년까지 인도, 파키스탄, 중국, 터키, 이란, 아프리카 전역으로 확산될 것이다. 2000년까지, 아니 어쩌면 더 빨리 남미와 중미는 기근 상태에 빠지게 될 것이다." 그는 또 "지금부터 30년 후인 2000년까지 서유럽, 북미, 호주를 제외한 전 세계가 기아 상태에 처하게 될 것이다"라고 예측했다.[7] 그는 폴 에를리히의 예측에서 한발 물러서서 잘사는 나라를 제외하고 시기를 조금 늦췄다. 당시 전문가들은 에를리히는 너무 지나치고 군터의 예측이 합리적이라며 공감했다. 하지만 그의 예측 역시 모두 틀렸다.

군터가 기근을 예측한 인도와 파키스탄의 밀 수확량은 1980년까지 두 배로 증가했다. 그는 아예 멕시코의 미래는 고사하고 과거도 몰랐다. 1940년 멕시코는 국민을 먹여 살리는 데 필요한 곡물의 절반을 수입하고 있었다. 그런데 멕시코는 이미 1963년에 밀 수입국에서 수출국으로 바뀌었다. 군터는 자신이 사는 텍사스 바로 아래 이웃(멕시코)에서 무슨 일이 일어나고 있는지조차 모르고 예측하다 모조리 다 틀렸다.

지구의 날이 창립된 1970년에는 비관적 예측을 너무 많이 해서 세상을 우울하게 만들었다. 그중 하나가 질소 축적으로 인해 모든 토지를 사용할 수 없게 될 것이라는 예측이었다.[8] 하지만 더 나은 농법, 화학 비료, 유전 공학, 대기 이산화탄소 증가로 인해 1970년에 비해 인구가 두 배 늘어났음에도 불구하고 식량을 충분히 공급할 수 있게 됐다. 별다른 기근도 없었고 영양 결핍 인구도 크게 줄었다. 늘어난 세계 인구는 점점 더 많은 음식을 먹고 1인당 섭취 칼로리도 증가하고 있다. 더구나 농지 사용 면적은 줄어들었다.

단위면적당 농작물 수확량은 지난 100년 동안 계속 증가해 왔다. 덕분에 인구 증가에도 불구하고 1인당 식량 소비량은 그 어느 때보다 높다. 이제 지구상에는 모든 사람이 하루에 3,500칼로리를 소비할 수 있는 충분한 식량이 생산되고 있으며 누구도 굶을 필요가 없다. 또 이 식량은 비료, 농약, 관개 시설, 기계 농법, 대기 이산화탄소 증가, 유전자 변형 작물로 인해 더 좁은 면적에 생산됐다. 그래서 지구상의 초지와 산림 면적이 증가했다.

2020년 국제곡물위원회(International Grains Council)는 세계 콩 수확량이 전년 대비 8% 증가한 3억 6,400만 톤이 될 것이라고 밝혔다. 유엔식량농업기구(FAO: Food and Agriculture Organization)는

옥수수 생산량 4.4% 증가, 곡물 생산량 2.6% 증가, 쌀 생산량 1.6% 증가를 예측했다. FAO는 2021년 전 세계 밀 생산량은 7억 8천만 톤을 달성했으며 이는 새로운 기록이 될 것이라고 했다.[9] 지난 20년 동안 모든 곡물 생산량은 두 배 이상 증가했다.

유전자 변형 식품

녹색주의자들은 식량 부족을 예측했는데 급증하는 현상이 나타나자 반갑지 않았다. 그래서 유전자 변형(GM) 식품 반대 운동을 지금까지 계속하고 있다. 그들은 옥수수에서 추출한 비타민 A 전구체 형질을 가진 GM 식품 황금 쌀의 재배를 성공적으로 막았다. 2008년의 한 연구에 따르면 녹색주의자들이 황금 쌀 재배를 막음으로 인해 인도에서만 한해 140만 명의 건강한 생명이 목숨을 잃는 것으로 추산됐다. 황금 쌀은 아시아에서 쌀을 주식으로 하여 비타민 결핍으로 고통받는 2억 5천만 명의 어린이를 돕기 위해 특별히 고안됐다.[10]

영양실조에 걸린 가난한 어린이들의 생명을 구하기 위해 GM 황금 쌀을 사용하려는 모든 단계는 수년 동안 그린피스에 의해 반대되어 왔다. 그린피스는 왜 고의로 사람을 죽이는 걸까? 그들은 기후 선동으로 지구를 구한다고 하면서 사람의 생명을 구하는 과학은 반대하고 있나? 녹색주의자들은 진짜 생명을 경시하는 살인자다.

방글라데시에서는 녹색주의자들이 해충 저항성 GM 품종을 반대하기 때문에 농부들이 살충제를 계절에 따라 최대 140회나 뿌려 자신들의 건강을 위험에 빠뜨린다. 지난 20년 동안 수십억 번 먹었음에도 GM 식품이 인간의 건강을 해친다는 증거가 없었다. 오히려 20년 동안 그 반대 효과만 나타났다. GM 식품은 생명을 구하고 농업으로 인한 인체 및 생태계 피해를 줄였다.

멘델의 유전학은 세계 기아를 줄이는 데 크게 기여했다. 1865년 멘델(Gregor Mendel)은 열성과 우성 유전자를 사용하여 작물을 개량할 수 있다는 것을 밝혀냈다.[11] 오늘날에도 이 방법은 해마다 자연 발생적 돌연변이를 기다릴 필요가 없이 실험을 통해 농작물 품종을 개량하고 있다. 멘델의 유전학이 발달을 거듭하여 오늘날 유전자 변형 식품 생산까지 이어진 것이다.

사람들은 미량영양소과 비타민이 첨가된 유전자 변형 곡물을 지난 80년 동안 먹어왔다. 미국에서는 1941년부터 철분, 티아민(Thiamine), 리보플라빈(Riboflavin), 그리고 니아신(Niacin)이 풍부하게 첨가된 밀가루를 먹었으며, 그 결과 각기병과 펠라그라(Pellagra, 니코틴산 결핍 증후군) 퇴치에 도움이 됐다. 1998년부터 엽산(Folic acid)이 첨가되기 시작했다. 밀가루에 함유된 엽산 덕분에 아기의 신경관 결손증(Neural Tube Defects) 발병률이 미국에서 23%, 캐나다 노바스코샤주에서는 최대 54%까지 감소했다.[12] 녹색주의자들은 자신들이 어린 시절에 유전자 변형 식품을 먹었다는 사실을 모르고 지금에 와서 무조건 반대하고 있다.

유전자 변형 작물이 재배되는 곳에서는 농약 사용이 37% 감소하고 작물 수확량은 22% 증가했다. 경작에 사용되는 땅이 줄어들면서 많은 부분이 현재 국립공원으로 전환됐다.[13] 지난 40년 동안 멸종 위기에 처했던 야생동물이 다시 나타났고, 그동안 개발되었던 넓은 토지가 야생으로 되돌려졌으며, 강과 하구를 정비한 결과 물고기와 새들이 다시 돌아왔다.

과학은 모든 분야에서 계속 발전하고 있다. 쌀과 감자의 무게와 수확량을 증가시키기 위해서 식물 세포의 유전자를 조작할 수 있으며,[14] 이는 더 좁은 면적의 농지에서 더 많은 식량을 생산할 수 있음을 보여준다. 녹색주의자들은 유전 공학 냄새가 나는 모든 것을 반대하면서도 자신들의 질병을 예방하고 치료할 의약품은 애타게 기다리고 있다.

죽음과 파멸에 집착하는 정신병자

오늘날의 세계는 역사상 어느 때보다 사람들이 더 잘 먹고 더 좋은 주거환경에서 더 안전한 삶을 살아가고 있다. 사람들은 부유해졌고 깨끗한 물, 전기, 주택을 이용하고 교육과 여행을 누릴 수 있게 됐다.[15] 지난 세기 100년 동안 보통 사람들의 생활수준은 10배로 향상됐다.

늘어나는 인구와 기대 수명은 좋은 시대임을 숫자로 나타내는 지표다. 지난 2022년 11월에 세계 인구는 80억 명을 넘었고 평균 수명은 70세를 넘었다. 현재 최빈국의 평균 수명도 200년 전의 가장 부유한 국가보다 훨씬 더 길다. 오늘날 서구 세계에서 태어난 아이의 평균 수명은 조부모님보다 두 배 이상 더 길어졌다.

19세기 후반 전 세계 5세 미만 어린이의 사망률은 40%였지만 지금은 제3 세계도 6%가 됐으며 앞으로도 계속 감소할 것으로 전망된다. 1인당 소득 증가율이 인구 증가율을 앞질렀다. 지난 200년 동안 인구는 7배 증가한 반면 1인당 연간 소득은 100달러에서 9,000달러로 증가했다. 특히 빈곤율은 최근 몇십 년 동안 급속히 떨어졌다. 코펜하겐 컨센서스 센터(Copenhagen Consensus Center)와 세계은행(World Bank)에 따르면 극빈층 비율이 1981년 세계 인구의 42%에서 2010년 17%로 지난 30년 동안 절반 넘게 줄어들었다.

지구에 더 많은 사람이 태어나 더 오래 사는 것은 축복이다. 녹색주의자들은 좋은 시대임을 나타내는 지표를 반대로 해석하고 있다. 그들은 "인구가 줄어야 지구가 산다"라고 한다. 지구에 인간이 너무 많으니 일부 죽어야 한다는 것이다. 그렇다고 그들은 스스로 먼저 모범을 보이려 하지 않는다. 그들의 광적인 죽음 숭배 사상은 오지 않는 세상 종말론을 계속 만들어내고 있다. 녹색주의자들은 죽음과 파멸에 집착하고 어린이들에게 공포감을 주어 쾌락을 느끼는 정신병자다.

제11장
우생학과 인구 증가

"지구 먼저(Earth First)" 설립자 데이브 포먼(Dave Forman)은 "나의 세 가지 주요 목표는 세계 인구를 약 1억 명으로 줄이고, 산업 인프라를 파괴하며, 생물 종의 완전한 보전을 통해 세상이 야생으로 돌아오는 것이다"라고 말했다.[1] 그는 수천 년 전 인류가 살았던 상태로 돌아가고 싶어 했지만 스스로 모범을 보이지 못했다. 하지만 그는 인간보다 지구가 먼저라는 이념으로 2022년 사망할 때까지 미국 녹색주의 운동의 중심 역할을 했다.

우생학 신봉자들

포먼은 우생학을 신봉하며 지구의 인구가 줄어들길 간절히 원했다. 그는 1986년 한 인터뷰에서 "미국이 에티오피아 기근과 기아에 원조를 제공해서는 안 되며, 오히려 자연이 스스로 균형을 찾도록 해야 한다"라고 말했다.[2] 그는 스스로 선량하고 정직한 사회주의자임을 주장했지만, 내면의 인간 악마성과 인종 차별

성은 숨기지 못했다.

　녹색주의자들이 인구 감축을 주장하는 것은 식량 부족 때문만이 아니다. 그들은 자신들처럼 우수한 인간만이 살아남아 자연과 조화를 이루며 사는 것을 꿈꾼다. 그래서 그들은 인간을 신체적·정신적·지능적 차별 생존하게 하는 우생학에 이념적 뿌리를 두고 있다. 그들은 사회주의를 내세워 평등을 지향하는 척하지만 내면에는 우월성과 차별성을 숨기고 있는 이중적 인간이다.

　우생학은 찰스 다윈의 외사촌이자 인류학자였던 프란시스 골턴(Francis Galton)이 『진화론』의 적자생존을 인간 사회에 적용하려는 시도에서 시작됐다. 골턴은 인간의 유전에 관한 『유전적 천재: 법칙과 결과에 대한 탐구(Hereditary Genius: an Inquiry Into Its Laws and Consequences, 1869)』를 시작으로 여러 권의 우생학 이론서를 저술했다. 그는 1865년 "인류의 발전을 위해서는 부적격자의 탄생률 확인과 적격자의 탄생률 증진을 위해 체계적인 노력이 필요하다"라고 주장했으며 1884년 우생학(Eugenics)이라는 용어를 처음 사용했다.

　진화론을 적극적으로 옹호했던 영국의 토마스 헉슬리(Thomas Huxley)는 1893년에 『진화와 윤리(Evolution and Ethics)』를 저술하여 윤리의식 없는 자유방임적 적자생존은 대재앙의 전조가 될 수 있음을 경고했다.[3] 또 미국의 고생물학자 페어필드 오즈번(Fairfield Osborn)은 근대 환경 공포 운동을 시작하고 맬서스주의를 부활시킨 사람으로, 우생학 지지자였으며 인류의 바람직한 유전적 특성을 유지하기 위한 선별적 짝짓기를 주장했다.[4] 녹색주의자들은 이러한 이념을 부분적으로 유지하고 강력한 인구 조절이 가능한 전체주의를 원하고 있다.[5]

　한때 우생학에 대한 폭넓은 사회적 공감대가 형성되기도 했다. 당시 우생학은 정신박약자(유대인, 흑인, 이방인 등도 포함)를 식별하여 사회로부터 고립시키거나 불임으로 만들어 번식을 막는 것이 목적이었다. 아일랜드의 극작가이자 정치운동가인 조지 버나드 쇼(George Bernard Shaw)는 인류를 고통으로부터 구할 수 있는 것은 우생학뿐이라고 주장했다.[6] 영국의 소설가 허버트 웰스(Herbert George Wells)는 "훈련되지 않은 열등한 시민들"에 반대했고,[7] 시어도어 루스벨트(Theodore Roosevelt. Jr)는 "**사회는 낙오자가 후손을 낳도록 허용할 수 있는 여력이 없다**"라는 편지를 쓴 적도 있다.[8] 다른 우생학 지지자로는 노벨생리의학상 수상자 프란시스 크릭(Francis Crick), 아돌프 히틀러, 윈스턴 처칠, 헬렌 켈러, 알렉산더 그레이엄 벨이 있다.[9]

　우생학은 잔혹한 유대인 대학살로 이어진 나치주의를 낳게 했다. 그리고 인류 역사는 우생학이란 과학을 가장한 인종차별적이고 살인적이며 반이민적 사회 프로그램이라는 것을 보여줬다. 하지만 지금도 우생학 연구는 진행되고 있다. 더 좋은 인류 사회를 위해 노력하는 카네기 재단과 록펠러 재단이 우생학 연구를 지원하고 있다. 그리고 이런 재단들은 녹색주의자들이 좋아하는 기후 선동 연구도 지원하고 있다.

레이첼 칼슨의 대학살

녹색주의자들의 인구 감축 대학살은 우생학 때문만이 아니다. 오늘날 그들의 존경받는 포스터 여인으로 남아 있는 레이첼 칼슨(Rachel Carson)에서 대학살 사례를 찾아볼 수 있다. 그녀는『침묵의 봄』이라는 저서로 수백만 달러를 벌어들이고 동시에 수천만 명을 죽였다. 이 정도 살해 규모는 스탈린, 마오쩌둥, 폴 포트와 맞먹는다.

그녀는 사이비 과학으로 대학살에 성공했다. 제2차 세계대전 당시 연합국 군대(Allied Troops: 독일·이탈리아·일본을 상대로 싸운 군)는 태평양과 동남아시아의 늪지대에 DDT를 뿌려 말라리아로 죽는 군인들을 살려 더 많은 병력이 전투에 참여할 수 있게 했다. 그런데 레이첼 칼슨은 말라리아 퇴치에 효과적인 DDT가 새를 죽이고 암을 유발한다는 책으로 세상을 놀라게 했다.[10] 그 영향으로 세계보건기구는 1970년 당시 DDT로 말라리아를 퇴치하고 있던 99개국에 DDT 사용 금지를 권고했고 미국은 1972년에 그 권고를 따랐다. 하지만 그 책의 내용은 후에 사실이 아닌 것으로 밝혀졌다. 세계보건기구는 2006년에 와서 DDT 금지 조치를 철회했다.

1972년부터 2006년까지 최소 5천만 명이 말라리아로 사망했다. 사망자 대부분은 제3 세계 어린이였다.[11] DDT 사용 금지가 없었다면 사망을 줄일 수 있었다. 쥐라기 공원을 저술한 의사 출신 소설가 마이클 크라이튼(Michael Crichton)은 이에 대해 "DDT 금지는 20세기 미국에서 가장 불명예스러운 사건 중 하나이며, 우리는 잘 알고 있었지만 어쨌든 그렇게 했고, 전 세계 사람들을 죽게 내버려두었고 전혀 신경 쓰지 않았다"라고 했다.[12]

카슨은 또 독일 숲이 산성비로 완전히 파괴되고 있다고 주장했다. 이 주장은 지난 1980년대 독일 녹색주의자들이 지겹도록 반복했다. 하지만 독일 숲은 황폐해진 것이 아니라 점점 울창해졌으며 확장됐다![13] 독일 숲뿐만 아니다. 지구의 거의 모든 육지 식생 지대가 증가하는 대기 이산화탄소로 인해 계속 녹화되고 있음을 미국 항공우주국(NASA)이 위성 사진으로 확인했다.[14]

1972년에 창립된 유엔환경계획(UNEP)은 인구 감축에 전력투구했다. 사무총장 모리스 스트롱(Maurice Strong)은 "우리가 세계를 구할 수 있는 유일한 방법이 산업 문명을 붕괴시켜야 할 지경에 이를 수도 있다"라며 "나는 종말론적 예언을 진지하게 받아들여야 한다고 확신한다"라고 했다. 그래서 유엔은 세계적인 산아제한을 주도했다. 당시 유엔을 따라 산아제한 정책을 시행했던 국가들은 지금은 출산장려 정책을 추진하고 있다.

유엔의 인구 감축

유엔은 지금도 저개발 국가의 가난 문제를 해결하지 않고 인구 감축에 열을 올린다. 2009년 유엔 인구 정책을 보면 "저개발 국가의 출산율 감소가 더욱 빠르게 일어나게 하려면 무엇이 필요할까?"라는 고민에 빠져있었음을 알 수 있다.[15] 유엔이 중앙아메리카나 아프리카에 사는 가난한 사람에게 먹을 것을 주고, 옷을 입히고, 집을 주고, 물을 줄 것으로 생각하면 착각이다. 그들은 가난한 자들이 사라지길 바라고 있을 뿐이다. 유엔은 어린이를 제물로 바친 안데스 여신에 관한 『파차마마(Pachamama)』라는 동화책을 홍보하면서 새로운 생명의 탄생을 저주하고 있다.

　공산국가도 인구 감축에 집착하고 있다. 구소련의 미하일 고르바초프는 "생태 위기는 인구 증가로 인한 것이기 때문에 우리는 성, 피임, 낙태, 인구를 통제하는 가치에 대해 더 분명하게 해야 한다. 인구를 90%를 줄이면 생태계에 큰 피해를 주지 못할 것이다"라고 말했다.[16] 그는 구소련에서 인구와 수명을 줄이기에 제법 능숙했으며 다른 지도자들도 마찬가지였다. 실제로 러시아는 인구 감축에 크게 성공했다.[17] 하지만 그들은 생태계 피해는 줄이지 못했다. 20세기 환경사는 공산주의자들이 입힌 생태계 피해가 세계 최고 수준임을 분명히 기록하고 있다.

인구 감축을 노리는 자들

　미국의 녹색주의자 버락 오바마 행정부도 좋은 세상을 위해 인구 감축의 필요성을 느끼고 있었다. 당시 선임 과학 고문인 존 홀드렌(John Holdren)은 "인구 급증으로 인한 위기가 사회를 위험에 빠뜨릴 만큼 심각해지면 지금의 헌법하에서도 강제 낙태까지 요구할 수 있는 강력한 인구 통제법이 실제로 시행 가능하다는 결론이 내려졌다"라고 말했다.[18] 그는 외국 땅에서 사람들을 죽이는 역할을 한 오바마 행정부에 자국민에게도 그렇게 하라고 조언하고 있었다. 그러면서도 자신은 모범을 보이지 않고 두 자녀에 다섯 명의 손자까지 뒀다.

같은 부류의 미국 CNN 창립자 테드 터너(Ted Tuner)는 2016년에 "현재 수준의 인구에서 95% 감소한 총 2억 5,000만~3억 명이 이상적일 것"이라고 말했다.[19] 터너가 가장 선호하는 대량학살 방법은 무엇일까? 그는 자신이 먼저 죽겠다고 손을 들까? 체이스 맨해튼 은행을 움직였던 데이비드 록펠러(David Rockefeller)도 "인구 증가가 우리 지구의 모든 생태계에 미치는 부정적인 영향이 놀랍도록 분명해지고 있다"라고 말했다.[20] 록펠러 가문이나 체이스 맨해튼은 이에 대해 어떤 조치를 취했을까? 데이비드 록펠러는 2017년에 사망하여 조금이나마 도움을 주었다.

미국 조지아주에 세워진 기념탑 조지아 가이드 스톤(Georgia Guidestones)은 미래에 대한 지혜를 제공하고 있다.[21] 돌에는 "자연과 영구적인 균형을 유지하기 위해 세계 인구를 5억 미만으로 유지하라"라고 새겨져 있다. 지혜라기보다 헛소리에 불과하다. 자연의 일부인 인간이 끊임없이 변화하는 역동적인 시스템에서 영구적인 균형을 유지하는 방법에 대한 지침이란 없다. 우리가 자연과 영구적인 균형을 이루려면 지구상에 몇 마리의 박테리아가 있어야 할까? 인간의 미래에 대한 호기심과 불안함을 이용하는 관광 상품에 불과하다.

프랑스의 탐험가이자 자연보호론자인 영화 제작자 자크 쿠스토(Jacques Cousteau)는 "세계 인구를 안정시키기 위해서는 우리는 하루에 35만 명씩 제거해야 한다"라고 말했다.[22] 그가 다이빙할 때 왜 누군가 공기 공급을 제거하지 않았나? 그도 다른 위선적 녹색주의자들처럼 인간의 대량 학살에 집착했지만 자신이

제3부 오지 않는 세상의 종말

모범을 보여주지 못했다.

　녹색주의자들은 사람들이 안전하고 저렴한 기술에 대한 접근하는 것을 반복적으로 거부하고 더럽고 위험하며 해로운 기술에 의존하도록 강요해왔다. 이로 인해 많은 사망을 가져왔다. 녹색주의자들은 미지의 것에 대한 인간의 두려움을 악용한다. 대표적인 사례가 유전자 변형 식품이나 지구 온난화와 같이 보이지 않는 위험을 이용하는 것이다. 하지만 이러한 위험은 존재하지도 않고 근거도 전혀 없는 것으로 밝혀져 있다.

　녹색주의자들은 인류 문명의 발전 과정을 통해 지구의 놀라운 포용력을 보면서도 인구 감축에 집착하고 있다. 그들이 원하는 인구 감축에 대한 긍정적인 해결책이 있다. 바로 부유해지는 것이다. 사람들은 부유해질수록 아이를 적게 낳게 된다는 사실은 거의 모든 국가에서 반복적으로 입증됐다.

제12장
자원 부족과 생태계 파괴

녹색주의자들은 증가하는 인구와 풍요로운 삶이 지구의 자원을 소모하고 자연 생태계를 파괴하며 지구를 거주 불능 상태로 만든다는 인간 악마론에 사로잡혀 있다. 그래서 그들은 이미 반세기 전부터 석유와 광물 자원은 몇십 년 만에 고갈될 것이며 자연 생태계도 심각한 손상을 입게 될 것이라는 예측을 계속했다. 또 미래의 지구는 인간이 거주할 수 없는 곳이 될 것이라고 한다.

피크 오일과 셰일 혁명

1956년에는 수학 모델이 등장하여 1965~1970년경에 석유 생산이 급격히 감소할 것으로 예측했다.[1] 하지만 정반대 현상이 나타났다. 이 예측은 당시 확인된 매장량을 기반으로 한 것으로, 시추 기술의 발전이 더 많은 유전을 찾아낼 수 있다는 점을 고려하지 않았기 때문이다.

1970년 캘리포니아대 데이비스 분교의 교수 케네스 와트(Ken-
neth Watt)는 "2000년까지 세계는 원유를 다 사용할 것이다"라고
했다.[2] 그는 2000년까지 지구 기온이 섭씨 6.9도나 더 추워져
빙하기가 온다고 하며 자신의 존재감을 과시했던 생태학자다.
생태학자가 석유에서부터 기후까지 각종 엉터리 예측을 하고
언론은 이를 열심히 퍼 날라서 공포의 1970년대를 만들었다.

1972년에는 20년 후 석유가 고갈될 것이라는 예측이 나왔
다.[3] 1977년에는 미국 에너지부 관료들이 나서서 1990년대에
석유 생산량이 최고점에 도달하고 이후 줄어드는 피크 오일
(Peak Oil) 이론을 발표했다. 하지만 1990년대에 피크 오일은 나
타나지 않았다.

1980년에는 피크 오일이 2000년에 도달할 것이라는 예측
이 다시 나왔다.[4] 하지만 탐사와 시추 기술의 발달, 자본주의,
모험적인 사업가, 기업가 정신 덕분에 현재 세계는 역사상 가
장 많은 석유 매장량을 보유하고 있다. 당시에도 올바른 미래를
예측하는 탁월한 전문가들도 있었다. 미국 MIT 에너지 경제학
자 모리스 아델만(Morris Adelman) 교수는 "석유는 고갈되지 않을
것이다"라는 주장을 했지만 언론은 뉴스거리가 아니라고 무시
했다.[5]

1996년에는 2020년에 피크 오일이 온다고 예측했다.[6] 2002
년에는 2010년까지 피크 오일에 도달할 것이라는 예측도 나왔
다.[7] 하지만 피크 오일은 오지 않았다. 녹색주의자들은 지금도 여
전히 피크 오일 이론을 믿고 있다. 그들은 왜 화석 연료 사용을

반대하고 피크 오일에 집착하나? 그들은 현대 인류가 공통 사용하는 5,000여 개의 제품이 석유에서 추출된다는 사실을 무시한다. 석유 없는 세상은 현대 인류에게는 끔찍한 재앙이 된다.

2010년대에 이르러 미국에서 셰일 혁명(Shale Revolution)이 일어났다. 수압 파쇄(Hydraulic Fracturing)와 수평 시추(Horizontal Drilling) 공법의 결합으로 미국의 석유 매장량은 급증했다. 2018년에는 미국이 사우디아라비아와 러시아를 제치고 세계 최대 산유국이 되었다. 지금 미국은 그 어느 때보다 많은 석유 매장량(채굴 경제성이 확보된 양)이 있으며 생산량도 많다. 미국은 더 이상 중동산 석유에 의존하지 않고 있다. 셰일 혁명으로 녹색주의자들이 하염없이 기다린 오일 피크는 물거품이 됐다. 그러자 그들은 채굴과 송유관 건설을 반대하고, 그로 인해 그린피스는 파산에 이를 거액의 배상 판결을 앞두고 있다.[8]

광물 자원의 고갈

1970년에 미국 국립과학원의 해리슨 브라운(Harrison Brown)은 2000년이 되면 구리가 완전히 고갈되고, 납, 아연, 주석, 금, 은은 1990년 이전에 고갈될 것이라고 예측했다.[9] 탐사는 점점 더 깊게 들어가고 비용이 많이 들지만 새로운 금속 매장지가 계속 발견되고 있다. 함량이 낮아 아직 채굴되지 않은 매장지가 가격 상승을 기다리고 있다. 재활용 기술의 발달로 상당량의 금속이 다시 사용되고 있다.

1968년에 이탈리아에서 창립된 로마 클럽은 녹색주의자들의 초기 싱크 탱크였다. 로마 클럽은 1972년 1980년대와 1990년대에 전 세계에 다양한 비재생 자원이 고갈되고 환경·경제·사회가 붕괴될 것으로 예측하는 보고서 『성장의 한계(The Limits to Growth)』를 세상에 내놓았다.[10] 인류 문명의 미래를 컴퓨터로 예측한 결과였지만 완전히 틀렸다. 보고서의 어떤 것도 일어나지 않았다. 과제 책임자였던 미국 MIT 제이 포레스터(Jay Forrester) 교수는 『성장의 한계』라는 책에 자신의 이름을 넣지 않았다. 그는 당시 컴퓨터 예측이 사기인 줄 그는 알고 있었던 것으로 짐작된다. 30년이 지난 뒤 살아남은 자가 업데이트된 버전을 발표했다.[11] 놀랍게도 업데이트된 예측도 틀린 것으로 나타났다.

미국 스탠포드대 곤충학자 폴 에를리히는 1968년 출간한 저서 『인구 폭탄』으로 세상을 놀라게 했다. 이에 신난 그는 지난 1970년대 10년 동안 언론에다 아무 소리나 하면서 각종 공포 장사를 했다. 하물며 그는 "**영국의 잉글랜드 지역은 2000년이 되면 사라질 것**"이라고 했다. 1980년에 예일대 경영학 교수 줄리안 사이먼(Julian Simon)이 이 말에 대한 내기를 제안했다. 이 제안을 받은 폴 에를리히는 거절했다. 책임지지도 못할 충격 선언을 마구 하는 것이 녹색주의자들의 특기다.

그러다 결국 두 사람은 1980년에서 1990년 사이에 자원 가격 변동에 베팅하기로 합의했다.[12] 구리, 크롬, 니켈, 주석, 텅스텐을 선택하여 에를리히는 가격 상승에 사이먼은 가격 하락에 베팅했다. 가격은 하락했고 에를리히는 패배를 인증하고 약속한 돈을 지불했다. 인류 문명 비관론에 빠져 공포 장사를 했던 에를리히는 인간의 창의성, 광물 탐사 기술의 발전, 시장경제의 위대함을 이해하지 못했다.

지구의 날과 환경 비관론

지구의 날(4월 22일)이 창립되었던 1970년에는 각종 비관적 예측이 나왔다. 당시 폴 에를리히와 공포 장사 경쟁을 하고 있었던 생태학자 케네스 와트는 종말이 임박했으며 "우리가 미래를 위한 대책을 세울 수 있는 시간이 5년밖에 남지 않았다"라고 했다.[13] 녹색주의자들은 예측에 신뢰도를 높이기 위해 항상 시한을 정한다. 하지만 5년은 너무 짧았다. 지금까지 50년이 지났지만 아무 일도 없었고 종말은 오지 않았다.

뉴욕타임스는 지구의 날 창립 행사를 보도하면서 "인간은 단순히 생존을 더 좋게 하기 위해서가 아니라 견딜 수 없는 악화와 멸종 가능성으로부터 살아남기 위해 오염을 막고 자원을 보존해야 한다"라는 기사를 실었다. 충격적이고 불안한 인류 미래를 예고하는 기사다. 이 기사 내용은 오늘날 대표적인 기후 종말론 단체 "멸종 반란(Extinction Rebellion)"의 주장과 매우 유사하다. 멸종 반란은 기후 대재앙이 온다며 괴상한 옷을 입고 거리를 활보하는 죽음 숭배자들이다.

오늘날에는 지구 온난화가 제6의 생물 대멸종을 가져올 것이라고 예측하고 있다. 아이러니하게도 생물 대멸종 예고는 이미 반세기 전 지구 냉각화 시기에 시작됐다. 1970년 미국 스미

스소니언 연구소의 시드니 리플리(Sidney Ripley)는 25년 후에는 생물 종의 75~80%가 멸종할 것이라고 선언했다. 리플리의 멸종 공포 캠페인이 시작된 지 50년이 지났는데 지금까지 새롭게 발견되어 학계에 등록되는 종수는 계속 증가하고 있다. 변화무쌍한 대자연에 오랜 기간 적응해온 지구의 생물은 지난 100년의 기온 변화는 하찮다는 듯이 비웃으며 잘 살아가고 있다.

1970년 워싱턴대학교의 생물학자 배리 커머너(Barry Commoner)는 "우리는 이 나라와 전 세계의 생존을 위협하는 환경 위기에 처해 있다"라고 했다.[14] 그는 또 미국의 모든 민물고기가 오염으로 인해 사라질 것이라는 예측을 했다.[15] 하지만 그는 틀렸다. 미국의 모든 민물고기는 잘 자라고 있다. 어류는 지구 역사에서 소행성 충돌로 인한 대멸종에서도 사라지지 않았고, 이후 수억 년 동안 살아남았으며, 어설픈 선동가들의 잘못된 예측으로 사라질 가능성은 전혀 없다. 이런 예측을 충격적으로 보도하는 무책임하고 아무 생각도 없는 언론들이 사라지길 바란다.

1970년에 하버드 생물학자이자 노벨상 수상인 조지 왈드(George Wald)도 "인류가 직면한 문제에 대해 즉각적인 조치를 취하지 않으면 문명은 15년 또는 20년 이내에 끝날 것"이라고 했다.[16] 그의 예측은 구체적인 문제가 없었다. 그리고 아무런 조치도 취하지 않았다. 하지만 문명은 끝나지 않았다. 녹색주의자들의 예측에는 아무것도 하지 않는 것이 가장 현명한 방법이다.

1970년에는 인간 멸종에 관한 예측도 있었다.[17] 킬러 벌(아프리카 꿀벌)이 인간을 전멸시킬 것이라고 했다. 하지만 벌은 인간을 전멸시키지 않았다. 벌은 여전히 꽃을 수분하고 우리는 꿀을 먹는다. 야외에 나가면 누구든 여전히 벌에 쏘이기도 한다. 이런 공포는 오늘날 기후 대재앙 영화에서 사용하는 것과 유사하다.

생태 근본주의와 계속되는 예측 실패

이러한 시대적 상황은 생태 근본주의(Deep Ecology)라는 극단적인 이념도 만들어냈다. 1973년 노르웨이 오슬로대 철학 교수 아른 네스(Arne Næss)는 인간은 만물의 영장이 아니라 생태계의 한 구성원에 불과하다며 다음과 같이 주장했다.[18] "자연은 인간을 위한 자원이 아니며 자연계의 생명체는 고등한 것과 하등한 것으로 구분하지 말아야 하고, 지구의 수용 능력에는 한계가 있기 때문에 인구가 감소해야 한다." 그는 생태계 평화를 위해 산업자본주의는 해체해야 한다고 주장했다. 그의 이념은 지금까지 세계 각국의 녹색당 창당과 녹색주의 운동에 중요한 역할을 했다.

아른 네스는 자신의 생태 철학은 레이첼 칼슨의 『침묵의 봄』과 폴 에를리히의 『인구 폭탄』에서 영감을 받았다고 했다. 둘 다 틀렸음이 입증됐다. 하지만 녹색주의자들은 생태 근본주의는 생태 전환 교육으로 되살려 우리의 아이들에게 "인간은 바퀴벌레와 동격이고 인구가 감소해야 한다"라는 이념을 강요하고 있다.

1974년 성층권의 오존층 파괴는 생명에 큰 위험이 될 것이라는 예측이 나왔다.[19] 이 과장된 위험에 막대한 자금이 지출되고 이를 이용한 기회주의자들은 부자가 되었으며 세상은 별일 없이 잘 돌아갔다. 그런데 앨 고어는 1992년에 오존층에 구멍이 생겨 토끼와 연어가 눈이 멀게 되었다는 칼럼을 『워싱턴 포스트』에 기고했다.[20] 토끼와 연어의 눈이 멀게 되는 것이 오존층 구멍과 무슨 상관인지 잘 모르겠지만 아무튼 둘 다 눈이 멀지 않았다.

1975년에 당시 주의력 결핍 장애를 앓고 있었던 폴 에를리히는 "향후 30년 이내에 대부분 지역에서 원래 열대우림 10분의 9 이상이 제거될 것이므로 이 지역에 서식하는 생물의 절반이 사라질 것이다"라고 예측했다.[21] 무섭게 들린다. 하지만 그의 예측은 또 틀렸다. 다시 말하면, 에를리히는 완전 헛소리를 한 것이다. 에를리히가 검은색에 베팅할 때 빨간색에 베팅하면 반드시 이긴다.

1980년에는 미국 뉴욕주 애디론댁(Adirondack) 산맥에 위치한 호수 107곳에서 산성비가 물고기를 멸종시켰다는 주장도 있었다.[22] 10년 후 미국 정부는 연구 결과를 근거로 "뉴욕주 호수의 물고기는 어떤 변화도 없다"라며 그 정도의 산성비는 환경에 위험하지 않다고 결론지었다.[23]

지난 1970년대와 1980년대에 걸쳐 수많은 예측이 실패했다. 그 사례를 보면서도 대멸종의 예측은 계속됐다. 야생생물보호단체의 현장 프로그램 부회장인 니나 파시오네(Nina Fascione)는 2003년에 이렇게 말했다.[24] "솔직히 말해서 우리는 앞으로 20년 안에 대규모 멸종을 향한 추락 경로에 있을 것 같습니다. 향후 20년 이내에 우리 종의 5분의 1을 잃을 수도 있습니다. 이는 매우 짧은 시간입니다." 그 역시 환경 사기꾼 대열에 끼어들었다. 지금도 세계 곳곳에서 언론에 얼굴 내밀고 싶어 하는 멍청이들이 이런 헛소리를 계속하고 있다.

레이첼 칼슨이 사이비 과학으로 쓴 『침묵의 봄』 이야기와 유사한 일이 반세기가 지난 뒤에도 일어났다. 2013년 유럽연합은 꿀벌 개체 수가 감소하고 있다는 이유로 네오니코티노이드 살충제 사용을 금지했다. 하지만 꿀벌 개체 수는 감소하지 않았다. 유럽에 90만 마리의 벌집이 추가로 발생했으며 네오니코티노이드와 접촉 가능성이 가장 높은 야생 꿀벌은 오히려 번성했다. 금지 조치의 결과로 유채(카놀라) 생산량은 최대 20% 감소했다.[25]

지금 지구는 더욱 푸르게 변하고 멸종 생물 종은 점점 줄어들고 있다. 화석 연료와 광물 자원의 매장량도 그 어느 때보다 많다. 자원은 인간의 창의적인 머리에서 나온다. 곰팡이에서 페니실린을 만들었고 모래에서 반도체 원료 실리콘을 뽑아냈다. 위대한 경제학자 줄리안 사이먼은 이 이론을 1983년에 출간한 『궁극적 자원』이라는 책으로 발표했다.[26] 인간의 지혜롭고 풍요로운 삶이 지구를 돌보고 있다. 인간은 지구를 파괴하는 악마가 아니다.

제13장
환경 오염과 지구 냉각화

녹색주의자들의 또 다른 반문명적 대상이 환경 오염이다. 산업화 이후 공장이 세워지고 사람들이 도시로 모여들면서 오염의 심각성이 대두됐다. 석탄을 사용하면서 하늘은 매연으로 가득해졌으며 강물은 악취를 풍겼다. 산업도시에 폐수, 매연, 쓰레기 등이 넘쳐나자 대재앙이 임박했다는 예측이 나왔다. 여기에 1960년대와 1970년대에 나타난 지구 냉각화 현상도 녹색주의자들은 인간에 의한 것으로 생각했다.

녹색주의자들의 두 성서

1962년에는 지금도 녹색주의자들의 성서로 여기는 두 권의 기념비적 책이 출간됐다. 하나는 레이첼 칼슨의 『침묵의 봄』으로 DDT 사용 금지에 결정적 역할을 했다. 새가 죽고 인체 암을 일으킨다는 사이비 과학을 만들어 수많은 인명을 희생시켰다. 또 다른 하나는 사회주의 계획경제의 환경 우위를 주장하는 머

레이 북친(Murray Bookchin)의 『우리의 인공 환경(Our Synthetic Environment)』으로, 강력한 통제와 전체주의를 요구하는 녹색주의자들의 중심 이념이 됐다.[1] 하지만 결과는 반대였다. 지난 100년의 세계 환경사는 자유민주주의 시장경제가 환경 우위임을 입증했다.[2]

인구와 자원 분야에서 수많은 엉터리 예측으로 명성을 날리던 폴 에를리히는 1969년에 "거의 모든 환경 문제의 비극은 일반 대중을 설득할 충분한 증거가 나올 즈음이면 이미 사람들은 죽었다는 것"이라며 "우리는 운이 좋지 않으면 20년 안에 모든 사람이 푸른 증기 구름 속에서 사라질 것이라는 사실을 깨달아야 한다"라고 말했다.[3] 하지만 그가 말한 20년 뒤 1989년에 푸른 증기 구름을 본 사람은 아무도 없다.

1970년은 지구의 날이 창립된 해다. 그래서 수많은 비관적 환경 예측이 쏟아져 나왔다. 당시에 있었던 대부분의 예측은 기록에서 사라졌지만 그래도 흥미로운 것들이 조금 남아 있다. 아마 그 시기 사람들은 공포의 나날을 보냈을 것으로 짐작된다. 아무튼 1970년에는 녹색주의자들의 세상 종말 비즈니스는 대성황이었다.

환경 종말론의 시작

1970년에 폴 에를리히는 "대기오염으로 인해 앞으로 몇 년만 지나도 수십만 명의 목숨을 분명히 앗아갈 것"이라고 예측하며 다시 한번 신나게 죽음을 설파했다.[4] 에를리히는 뉴욕과 로스

앤젤레스에서 "대기 스모그 재난"이 발생하여 약 20만 명의 미국인이 죽는 상상을 하고 세상에 설파했다. 하지만 그는 틀렸다. 경제 성장과 과학 기술의 발달이 대기오염을 크게 줄일 수 있음을 그는 몰랐다.

그는 또 같은 1970년에 "DDT와 염화탄화수소(Chlorinated Hydrocarbons)가 1945년 이후 태어난 사람들의 기대 수명을 크게 줄였을 수 있다"라고 경고했다.[5] 그리고 1946년 이후에 태어난 미국인의 기대 수명이 49세에 불과할 것이라고 경고했으며, 그 상태가 계속되면 기대 수명이 1980년까지 42세로 평준화될 것으로 예측했다. 하지만 예측과는 정반대로 기대 수명은 80세가 넘었고 이제는 식량 부족이나 환경 오염이 아닌 정크 푸드, 과식, 약물, 운동 부족이 미국인의 수명을 줄이고 있다.

미국의 유명 시사 잡지 『라이프(Life)』는 1970년 1월 호에 "과학자들은 다음과 같은 예측을 뒷받침할 확실한 실험적 그리고 이론적 증거를 가지고 있다: 10년 후, 도시 거주자들은 대기오염에서 살아남기 위해 방독면을 착용해야 할 것이다. 1985년까지 대기오염으로 인해 지구에 도달하는 햇빛의 양이 절반으로 줄어들 것이다"라고 보도했다. 1985년에 방독면이 호흡을 돕는 유일한 장소는 공산국가의 산업도시였다. 미국 어느 도시도 방독면을 착용하지 않았다.

인간에 의한 빙하기 예측

1970년에는 2000년까지 빙하기가 될 것이라는 예측도 있었다. 하지만 빙하기는 오지 않았다. 미국의 제임스 로지 주니어 (James Lodge Jr)라는 교수는 1970년에 21세기의 첫 3분의 1이 대기오염으로 인해 새로운 빙하기가 도래할 것이며, 전기 생산량이 증가하면 미국의 하천과 강물의 흐름이 말라버릴 것이라고 했다.[6] 그는 2001년에 사망하여 자신의 예측을 확인하지 못했다. 21세기 1분기는 끝나가지만 아무런 일이 없다. 빙하기는 나타나지 않았고 하천과 강에는 여전히 물이 흐른다.

1970년 제1회 지구의 날에 생태학자 케네스 와트 교수는 "지구는 지난 20년 동안 냉각되어 왔다. 현재의 추세가 계속된다면 2000년에는 섭씨 약 6.9도 더 추워질 것이다. 그래서 우리는 빙하기로 가게 될 것이다."[7] 지구는 한동안 냉각되었을 뿐이지 2000년에 빙하기가 오지 않았다. 그는 기후는 수백 년에 걸친 온난화와 냉각화의 주기를 갖는다는 사실을 몰랐다. 그의 황당한 예측을 조금만 바꾸면 오늘날 지구 온난화 선동꾼들이 하는 것과 유사하다.

1970년 12월 3일 브라운대학교에 모인 미국과 유럽의 42명의 기후기상 전문가들이 당시 닉슨 대통령에게 보낸 지구 냉각화 경고 서한에서 "전 세계적인 기상 악화는 인류가 지금까지 경험한 것보다 훨씬 큰 규모다. 실제로 매우 현실적인 가능성이 있으며 곧 다가올 수도 있다"라고 했다.[8] 하지만 냉각화로 인한 기후 악화는 일어나지 않았고 지금은 온난화 소동을 벌이고 있다.

당시 미항공우주국(NASA)도 이에 대해 "화석 연료 연소를 통해 대기 중으로 유입되는 미세먼지는 평균 기온이 섭씨 6도 떨어질 정도로 많은 햇빛을 차단할 수 있다"라며 "이런 상태가 '5~10 년'에 걸쳐 지속되면 빙하기를 촉발하기에 충분할 것"이라고 동조했다.[9] 석탄을 태우면 1970년대나 1980년대에 빙하기가 온다고 했지만 지금은 지구 온난화를 일으킨다는 말을 하고 있다. 지금까지 50년도 넘게 지났지만 석탄 연소 먼지로 인한 빙하기는 오지 않았다.

오바마 대통령의 과학 자문위원 존 홀드렌(John Holdren)은 1971년 폴 에를리히와 함께 쓴 교과서 『지구 생태학(Global Ecology)』에서 인구 과잉과 환경 오염이 새로운 빙하기를 초래할 것이라고 경고하면서 인간 활동이 "지금의 지구 냉각화 추세에 책임이 있다"라고 했다.[10] 두 사람은 "제트 비행기 배기가스"와 "도시화, 산림 파괴, 사막화 등을 통한 지표면의 반사율 변화"가 새로운 빙하기 유발 가능성이 될 수 있다고 했다. 그들은 "인간에 의한 냉각화가 남극대륙 빙하의 가장자리 부분을 떨어져 나가게 하고 전례 없이 높은 해일 파고를 유발할 수 있다"라고 주장했다. 홀드렌은 새로운 빙하기가 계속되고 이산화탄소로 인해 기근이 발생하여 2020년까지 10억 명이 사망할 것이라는 예측도 했다.

1971년에는 2020년이나 2030년까지 새로운 빙하기가 도래할 것이라는 예측이 있었다.[11] 하지만 지난 1980년대 중반에 와서 지구 온난화 소동이 시작되어 지금까지 40여 년을 보냈다. 2020년에는 2042년을 최저점으로 하는 에디 극소기(Eddy Minimum)라는 태양 활동 최저기(Grand Solar Minimum)가 시작됐다

는 과학 논문이 발표됐다.[12]

1972년에는 2070년까지 새로운 빙하기가 도래할 것이라는 예측이 있었다.[13] 2070년에는 기후 선동가들이 모두 사망할 것이기 때문에 이 예측은 훌륭한 예측이다. 비슷한 예측은 지금도 하고 있다. 유엔은 기후 과학자라는 자들을 고용해 우리가 죽은 지 훨씬 뒤, 50년 또는 100년 뒤에 더위로 죽을 것이라는 훌륭한 예측을 계속하고 있다. 하지만 우리의 아이들은 그 예측이 진실인 줄 알고 공포에 떨고 있다.

1974년 위성 관측 자료를 증거로 내세우며 빙하기가 빠르게 다가오고 있다는 예측이 있었다.[14] 미국 중앙정보국(CIA)도 빙하기 예측에 동참하여 지구 냉각화가 일어나면 분쟁과 테러가 일어날 것이라고 주장했다.[15] 미국 워싱턴 DC에 있는 전략 및 국제 연구 센터(CSIS: Center for Strategic and International Studies)도 이 주장을 지지하며 "문명이 시작된 이래로 따뜻한 시대에는 전쟁이 적었다"라고 했다.[16]

미국의 유명 주간지 『타임(Time)』도 1974년 빙하기가 다가오고 있다며 다음과 같은 경고를 했다.[17] "아이슬란드 주변 해역의 예상치 못한 얼음 덩어리의 두께를 비롯하여 미국 중서부의 아르마딜로(Armadillo)와 같은 따뜻함을 좋아하는 동물의 남하에 이르기까지 눈에 띄는 징후가 곳곳에 있다. 인간이 배출한 에어로졸이 지구 표면에 도달하는 햇빛과 열을 차단하기 때문이다." 하지만 그 빙하기는 오지 않았고 지구 온난화 선동만 계속되고 있다.

지구 냉각화 시대에 살아남기

1976년 미국 스탠포드대 기상학자 스티븐 슈나이더(Stephen Schneider) 교수는 지구 냉각화 시대에 인류가 살아남을 수 있는 전략을 기술한 책을 저술했다.[18] 뉴욕타임스는 그 책을 높이 평가하여 서평 기사를 냈다. 서평에서 "지구가 냉각되고 있으며 현재 세계 식량 비축량은 미래의 기근에 대한 충분한 대비책이 아니다"라는 그의 주장을 보도했다.[19] 이런 책까지 저술한 것을 보면 그는 지구 냉각화가 오랜 기간 계속될 것으로 확신했음이 분명하다. 이후 온난화로 대세가 기울자 그는 지구가 냉각화와 온난화를 동시에 겪고 있다는 이상한 주장을 하기도 했다.[20]

그는 2009년에 취임한 오바마 대통령에게 지구 온난화가 가져올 위험성에 대해 조언했다. 그는 지구 온난화가 "더 따뜻한 겨울과 더 적은 혹한"을 가져올 것이라는 IPCC 2001 보고서에 대해 자신의 과거 냉각화 예측을 의식해서 "지구 온난화가 계속됨에 따라 미국 대부분이 경험하는 혹한은 더 자주 볼 수 있는 패턴임을 시사하는 증거가 점점 더 많아지고 있다"라고 말했다. 과학자라기보다는 10년 후도 예측하지 못한 실패한 미래학자였다. 그는 세상 사람들에게 공포감을 자극해야 학문적 자존감을 느끼는 삶을 살다 2010년 65세의 나이로 사망했다.

냉각화와 온난화의 과학적 합의

1976년에는 미국과 유럽을 중심으로 지구가 냉각되고 기근이 발생할 것이라는 과학적 합의가 있었다. 하지만 지구는 냉각되지 않았고 기후로 인한 기근도 없었다. 10년도 채 지나지 않아 지구 온난화 소동이 시작됐다. 지구 냉각화를 옹호하던 과학자라는 자들은 이제 지구 온난화에 앞장서고 있다. 지금은 지구가 온난화되고 있으며 기후로 인한 기근이 발생할 것이라는 과학적 합의가 이루어졌다고 선동한다. 합의라는 것이 이런 식이다.

과학은 합의가 아니다. 『쥐라기 공원』을 저술한 의사 출신 소설가 마이클 크라이튼(Michael Crichton)은 과학계에서 합의에 관해 다음과 같이 말했다. "합의라는 과학은 없다. 만약 그것이 합의된 것이라면 그것은 과학이 아니다. 만약 그것이 과학이라면 그것은 합의된 것이 아니다." 그는 또 "분명히 하자면, 과학이 하는 일은 합의라는 것과는 아무런 관련이 없다. 합의란 정치에서나 하는 비즈니스다. 과학이란 이것과는 반대로 정답을 아는 단 한 명의 연구자만을 필요로 한다. 이 말은 실제 세계에서 증명할 수 있는 결과를 가진 연구자를 의미한다. 과학에서 합의라는 것은 타당성이 없다는 것이다. 타당성이 있다는 것은 같은 결과를 재현할 수 있다는 것을 의미한다. 역사상 가장 위대한 과학자들은 그들이 합의라는 것으로부터 단절했기 때문에 위대한 것이다"라고 했다.

하지만 지금 녹색주의자들은 과거 지구 냉각화에 합의했던 부패한 과학자들의 온난화 합의로 기후 대재앙 공포를 만들어내고 있다. 정치인들은 이를 이용하여 개인의 자유와 재산을 박탈하고 태양광이나 풍력과 같은 저질 에너지 기업인들은 이윤을 챙기고 있다. 더 늦기 전에 합의로 만들어진 사이비 과학에서 깨어나야 한다.

CRITICISM OF GREENISM

제4부
기후 위기와 탄소 중립

지구 냉각화는 1980년대 후반에 온난화로 바뀌었다. 산업 문명을 혐오해온 녹색주의자들에게는 이보다 더 좋은 호재가 없었다. 화석 연료 사용으로 온실가스인 대기 이산화탄소 농도가 증가할 뿐만 아니라 지구가 더워지는 현상도 관찰되고 있었다. 마침내 인간의 자유롭고 풍요로운 삶이 지구를 불덩어리로 만든다는 기후 위기론이 등장했다.

> 태양광과 풍력 발전은 국가 경제를 좀먹는 기생충이다. 과학에 무지한 정치인들이 기후 위기와 탄소 중립이라는 사기극에 걸려들어 자기 나라를 가난하게 만들고 있다. 이산화탄소 배출량과 대기 농도는 계속 증가할 것이다. 더 많은 이산화탄소는 인류 문명과 자연 생태계에 매우 유익하다.
>
>   - 패트릭 무어(Patrick Moore, 캐나다), 그린피스 공동 설립자
>   <출처: 트럼프는 왜 기후협약에서 탈퇴했나?, 박석순, 세상바로보기, 2025>

지금의 지구 온난화가
인간의 화석 연료 사용으로 인한 것이
아님을 보여주는 증거 4

- 약 6,000년 전 홀로세 기후 최적기 -

Environment

Melting ice reveals millennia-old forest buried in the Rocky mountains

Trees dating back almost 6000 years have come to scientists' attention due to ice melting in the Rocky mountains, offering a "time capsule" into the past

By Taylor Mitchell Brown

📅 13 January 2025

미국 와이오밍주 베어투스 고원(Beartooth plateau)의 만년설이 녹으면서 드러난 약 6,000년 전 백송(Whitebark Pine) 숲: 당시는 지금보다 기온이 높아서 그곳에 숲이 있었다.

자료: Brown, T., 2025: Melting ice reveals millennia old forest buried in the rocky mountains,
https://www.newscientist.com/article/2463397-melting-ice-reveals-millennia-old-forest-buried-in-the-rocky-mountains/

제14장
지구 온난화 공포

반세기도 넘게 녹색주의자들은 인구, 식량, 자원, 환경 등을 이유로 인류 문명의 발전을 방해해왔다. 만약 그들도 양심이 있어 숨기고 싶은 과거가 있다면 산업 문명에 의해 지구가 식어간다고 했다가 다시 뜨거워진다고 한 사실일 것이다. 지난 1970년대 그들은 분명 지구 냉각화라며 각종 언론 매체를 떠들썩하게 만들어 공포감을 조성했고 심지어 미국에서는 대통령께 경고 서한까지 보냈다. 하지만 지금 그들은 지구 온난화로 유엔을 장악하고 세계인의 자유와 재산을 박탈하고 있다.

지구 냉각화에서 온난화로

지구 냉각화에서 온난화로의 전환을 가져온 첫 번째 계기는 천문학자 칼 세이건(Carl Sagan)의 1985년 미국 하원 청문회였다. 그는 지난 1980년대 초 미국 PBS(Public Broadcasting Service) 방송의 인기 시리즈 『코스모스(Cosmos)』를 진행하면서 대중에게 이름을 알렸다. 미국 하원에 초대된 그는 지구 대기의 온실 효과를 설명하고 인간의 화석 연료 사용이 온난화를 불러와 돌이킬 수 없는 기후 재앙으로 이어질 수 있음을 경고했다.

그는 이산화탄소 증가 속도가 당시 1980년대 수준을 유지한다면 2000년경에는 지구의 평균 기온이 섭씨 5도까지 오를 것이라고 했다. 하지만 그는 틀렸다. 그는 이산화탄소의 온실 효과 체감 현상을 몰랐고 지구의 구름과 물순환에 의한 기온 조절 현상을 이해하지 못했다. 불행히도 그는 자신의 잘못된 예측을 확인하지 못하고 1996년 62세의 나이로 사망했다. 하지만 녹색주의자들은 그를 위대한 과학자로 추앙하고 그의 청문회 증언을 기후 선동에 이용하고 있다.

1988년 2월 미국 로스앤젤레스 타임스는 그해 여름 워싱턴 DC의 기온이 사상 최고치를 기록할 것이라고 보도했다.[1] 칼 세이건의 주장에 힘이 실렸고 미국 항공우주국(NASA)의 제임스 한센(James Hansen)도 이에 동조하고 나섰다. 같은 해 6월 한센도 미국 하원 청문회에 초대되어 대기 이산화탄소 증가로 인한 지구의 기온 상승이 위성으로 관측되고 있다고 증언했다.

그는 지구가 더워지면 남극대륙과 그린란드의 빙하가 녹아 해수면이 상승하여 적어도 2009년경에는 미국 동부 해안선에 상당한 변화가 나타나고 특히 뉴욕 맨해튼 서쪽 고속도로가 잠긴다고 했다. 하지만 지금 맨해튼 고속도로는 멀쩡하고 미국 동부 해안선도 변함이 없다. 그는 지금도 화석 연료를 계속 사용하면 기후 대재앙이 온다는 거짓말로 녹색주의자들의 추앙을 받고 있다. 아마 그는 80세가 넘은 고령으로 인해 자신이 과거에 한 말이 거짓으로 밝혀졌음을 인지하지 못하는 것 같다.

1988년 유엔환경계획(UNEP)은 세계기상기구(WMO)와 함께 기후 변화에 관한 정부 간 협의체(IPCC)를 설립했다. 온실가스인 이산화탄소가 지구 대기에 증가하고 이로 인해 지구가 더워진다는 주장이 이론적으로 타당할 것 같았기 때문이다. 과학적 사실을 확인하고 대책을 세우자는 의도였다. 하지만 IPCC가 1990년에 발표한 1차 보고서는 예상과는 달리 "지구가 더워지는 현상이 관찰되고 있으나 인간의 영향인지 확신할 수 없다"라는 결론을 냈다.

거짓 선동의 시작

1993년 미국 부통령이 된 앨 고어는 이산화탄소로 인한 기온 상승을 경고하면서 "2000년경이 되면 겨울은 과거에나 있었던 계절이 될 것"이라 했다.[2] 부통령이 이런 경고를 하자 미국 국민은 충격에 빠졌다. 1995년 뉴욕타임스는 "가장 가능성이 높은 상승 속도가 계속된다면 일부 전문가들은 미국 동부 해안의 대부분 해변이 25년 안에 사라질 것이라고 말한다. 그리고 이미 연평균 60~90cm씩 사라지고 있다"라는 기사를 냈다.[3] 부통령 앨 고어와 뉴욕타임스는 터무니없는 거짓말을 했다. 하지만 지금까지 아무런 사과도 없이 계속해서 기후 선동으로 일관하고 있다.

1988년에는 인도양에 1,196개의 작은 섬으로 된 몰디브가 2018년까지 물속에 잠길 것이라는 예측이 있었다.[4] 이를 보도

한 언론은 "더욱 위협적인 것은 1992년까지 식수 공급이 고갈되어 인구 20만 명이 더 빨리 사라질 수 있다는 사실"이라고 하지만 지금까지 어느 섬도 수몰되지 않고 식수도 잘 공급되고 있다. 2018~2021년에는 수상 관광 시설 건설 붐이 일어나 호텔, 리조트 등 대규모 신규 개발이 이루어졌다. 지난 30년 동안 몰디브 인구는 두 배가 됐으며 늘어나는 관광객을 위해 2020년에는 4개의 신공항을 개항했다.[5]

2018년에 태평양과 인도양의 709개 섬을 대상으로 조사한 연구는 89%가 안정적이거나 면적이 넓어지고 있으며 일부 작은 섬만 약간 감소한 것으로 나타났다.[6] 2021년에 발표된 또 다른 연구는 태평양과 인도양의 적도 지역 221개 섬을 대상으로 분석한 결과, 21세기에 들어와 20년 동안 섬 면적은 "대부분 안정적이거나 일부 자연적으로 늘어나는 추세"로 나타났다. 연구 대상 221개 섬의 면적은 2000년부터 2017년까지 6% 증가했다. 몰디브는 2000년부터 2017년까지 37.5km^{2}나 확장됐다.[7] 그런데도 몰디브 정부는 기후 관광객을 유치하기 위해 수중 내각 회의를 개최하는 쇼를 벌이기도 했다. 기후 사기에 국가의 미래를 걸고 있는 슬픈 현실이다.

남태평양의 섬나라 투발루도 지난 30년간 국토가 수몰된다는 가짜 뉴스를 국제 사회에 퍼트려 기후 관광객을 유치하고 있다. 덕분에 연평균 10% 경제성장률을 보여왔다. 인구도 지난 1960년대 약 6천 명이었다가 지금은 두 배로 늘었다. 하지만 투발루의 국토 면적은 위성사진으로 분석해본 결과 지난 40년

제4부 기후 위기와 탄소 중립

동안 2.9% 증가했다는 사실이 2018년 학술지 논문으로 밝혀졌다.[8] 하지만 투발루 정부는 지난 2021년 글래스고우 COP26 기후회의 직전에는 시몬 코페(Simon Kofe)라는 외무부 장관이 직접 바다에 빠져 연설하는 장면을 연출하여 전 세계 언론에 보냈다. 투발루 역시 기후 사기에 국가의 미래를 걸고 있다.

유엔과 영국 대처 수상

유엔은 1988년에 나온 몰디브 수몰 뉴스에 속아 넘어가 IPCC 1차 보고서가 나오기 전부터 기후 선동에 동참하기 시작했다. 1989년 6월 30일, AP 통신은 "유엔 고위직 관리가 재난을 예측하다, 온실 효과로 일부 국가가 지도에서 사라질 수 있다"라는 제목의 기사를 보도했다. 주요 내용은 유엔환경계획(UNEP) 노엘 브라운(Noel Brown) 뉴욕 소장이 "2000년까지 지구 온난화가 반전되지 않으면 해수면 상승으로 인해 모든 국가가 지구 표면에서 사라질 수 있다"라고 한 발언이었다. 그는 또 "해안 홍수와 농작물 실패가 환경 난민의 대탈출을 가져와 정치적 혼란을 가져올 것"이라고 예측했다.[9] 2000년이 지났지만 그런 재앙은 당연히 일어나지 않았다. 유엔은 분명 거짓말을 했고 세계는 속았다. 하지만 유엔은 사과하지 않았다. 그들은 실수, 데이터 조작, 거짓말, 엉터리 주장 등을 계속하지만 어떤 사과나 정정도 하지 않는다.

유엔을 통하여 전 세계 많은 정치인의 지구 온난화 공감을 불러오게 된 것은 영국 대처 수상의 총회 연설이었다. 옥스퍼드

대학교에서 화학을 전공하여 온실 효과에 관한 과학적 지식이 있었던 마가렛 대처(Magaret Thatcher) 수상은 1989년 11월 유엔 총회 연설에서 "대기로 배출되는 이산화탄소량이 크게 증가하고 있다. 매년 증가하는 양은 30억 톤이며 산업혁명 이후 배출된 이산화탄소의 절반은 여전히 대기에 남아있다. 동시에 우리는 이산화탄소를 대기에서 제거할 수 있는 열대우림이 대규모로 파괴되고 있는 것을 목격하고 있다"라며 세계를 향해 이산화탄소로 인한 지구 온난화를 경고했다.[10] 하지만 그녀는 2002년에 저술한 회고록에서 자신의 유엔 총회 연설과 이후 지구 온난화와 관련된 활동을 후회한다고 기술했다.[11] 그녀는 후에 이산화탄소가 온실가스인 것은 사실이지만 지금 인간에 의해 증가하는 양은 지구 기후에 어떤 영향도 미칠 수 없다는 사실을 알고서 "과학이 아주 애매모호하여 잘못된 것을 증명하기 어렵다"라는 말을 남겼다. 그녀는 자신의 잘못된 판단을 후회하고 이를 공개적으로 밝힌 유일한 주요 정치인이다. 그녀는 회고록에 미국 부시 대통령의 2001년 교토의정서 거부는 잘한 결정이라며 자신의 과거 잘못을 뉘우쳤다.

유엔은 IPCC 1차 보고서의 부정적인 결론에도 불구하고, 1992년에 개최된 리우환경정상회의에서 이산화탄소가 온실가스이고 산업화 이후 계속 증가하는 것이 명백한 사실이기 때문에 배출을 감축해야 한다는 유엔기후변화협약을 체결했다. 그리고 구체적인 대책을 수립하기 위해 1995년부터 매년 당사국총회(COP)를 개최하면서 세계 각국의 온실가스 배출을 통제하기 시작했다. IPCC는 지금까지 6차에 걸친 기후 보고서를 내놓으며 녹색주의자들이 좋아하는 가짜 뉴스만 만들어냈다. 이를 지켜봐 왔던 2022년 노벨물리학상 수상자 존 클라우저 박사는 "IPCC는 위험한 거짓말을 퍼트리는 최악의 정보원 중 하나"라는 함축적인 말로 유엔의 정체를 세상에 알렸다.[12]

기후 선동 언론은 사기꾼

영국의 대표적 기후 선동 언론인 조지 몬비오트(George Monbiot)는 1999년 다음과 같은 칼럼을 세계적인 신문 가디언지에 실었다.[13] "지구 붕괴는 시작됐다. 오랫동안 예측되어 왔고 동시에 오랫동안 부인되어 온 기후 변화의 영향은 가장 암울한 예언자들이 예측했던 것보다 더 빠르게 다가오고 있다. 이번 주에 우리는 북극 생태계가 붕괴되고 있다는 사실을 알게 됐다. 빙하가 녹으면서 고래와 바다코끼리의 먹이가 사라지고 있다. 북극곰과 바다표범의 개체 수는 절반으로 줄어든 것으로 보인다. 3주 전, 해양 생물학자들은 20세기 말까지 전 세계 거의 모든 산호초가 사라질 수 있다고 보고했다. 작년에 과학자들은 인도양에서 조사한 산호초의 70~90%가 수온 상승의 결과로 이미 소멸했다는 사실을 발견했다. 한 달 전 적십자사는 1998년 자연재해로 인해 지구상의 모든 전쟁과 분쟁을 합친 것보다 더 많은 사람의 삶이 뿌리째 뽑혔다고 보고했다. 기후 변화로 인해 '새로운 규모의 재앙'인 일련의 '슈퍼 재난'이 발생할 것이라고 경고했다. 인구학자 노먼 마이어스(Norman Myers) 박사는 환경 변화로 인해 이미 2,500만 명의 이재민이 발생했으며, 50년 이내에 2억 명으로 늘어날 것이라고 추산했다. 런던 위생 및 열대 의학 대학원(London School of Hygiene and Tropical Medicine)은 곤충과 기타 매개체가 옮기는 가장 위험한 질병 10가지 중 9가지가 지구 온난화로 확산될 가능성이 있다고 보고한다. 영국 정부의 수석 과학자는 기후 변화로 인해 걸프 스트림(Gulf Stream)이 중단될 수 있다고 경고했다."

조지 몬비오트와 같은 기후 선동 언론인은 사기꾼이다. 그는 전 세계를 향해 거대한 공포 장사를 한 것이다. 지난 1999년 7월에 나온 이 기사는 20여 년이 지난 지금 모든 것이 틀렸음이 입증됐다. 북극곰과 바다코끼리의 개체 수가 증가하고, 기후 변화로 인해 사람들의 삶이 뿌리째 뽑히지 않고, 북극해 빙하는 증가와 감소를 계속하고 있다. 또 인도양에서 산호초가 사라지지 않고, 슈퍼 재난도 발생하지 않았으며, 수억 명의 이재민이 발생하지 않았다. 그리고 지구 온난화로 인해 열대성 질병이 확산되지 않았고 걸프 스트림 중단도 없었다. 몬비오트와 같은 편향된 녹색주의자들은 죽음, 재난, 질병, 인간의 고통에 대해 불건전한 이념에 집착하고, 세상 사람들에게 공포감을 주는 것으로 자신은 쾌감을 느끼는 정신질환자다.

영국 가디언지는 세계가 인정하는 대표적인 기후 선동 매체다. 1974년에는 최초로 위성사진 분석을 통해 소빙하기 도래를 세상에 알렸다.[14] 2004년에는 "향후 20년간 기후 변화는 수백만 명의 사망자와 자연재해가 발생하는 세계적인 대재앙을 초래할 수 있다"라고 보도했다.[15] 2014년에는 "지구 온난화로 극

제4부 기후 위기와 탄소 중립

지방의 얼음이 녹고 있음을 보여주기 위해 기후 과학자라는 자들과 관광객, 그리고 언론인이 탄 선박이 극지방 바다를 향한 항해를 떠났다. 그 배는 두꺼운 해빙 속에 갇혀버렸고 사람들은 화석 연료로 가동되는 항공기와 배들에 의해 구조될 수밖에 없었다"라는 예상과는 다른 기사도 냈다.[16] 언론 매체들도 화석 연료 없이 세상이 제대로 굴러갈 수 없다는 사실을 알고 있다. 그러면서도 또 자극적인 뉴스거리가 나오면 선동을 시작하는 것이 그들의 본능이다.

지구 온난화는 녹색주의자들에게 산업자본주의를 공격할 수 있는 강력한 이론적 무기를 제공했다. 화석 연료 사용으로 지구 대기에 이산화탄소가 증가할 뿐 아니라 극지방 빙하 융해나 해수면 상승과 같은 관측 사실이 보고되고 있었다. 여기에 언론은 가짜 진짜 상관없이 대중 충격용 뉴스는 무조건 선호하기 때문에 지구 온난화는 녹색주의자들에게는 너무 좋은 무기였다.

하지만 그들의 무기에는 수많은 과학적 결함이 있었다. 세계적인 기후 과학자 미국 MIT 리처드 린젠(Richard Lindzen) 교수는 그 결함을 이렇게 말했다. "미래 세기의 역사가들이 분명 의아하게 생각할 것은 '어떻게 아주 결함투성이인 논리가 약삭빠르고 끈질긴 선동에 가려져 강력한 이익집단의 연합을 실제로 만들었고, 이들이 인간의 산업 활동에서 나오는 이산화탄소가 위험하고 지구를 파괴하는 독성 물질이라는 것을 어떻게 거의 모든 세상 사람에게 확신시킬 수 있었는가'라는 사실이다."

제15장
위선자 앨 고어

1993년에 시작된 미국 민주당 클린턴 정부는 유엔기후변화협약을 강력하게 지지했다. 또 1997년 제3차 당사국 총회(COP3)에서 선진산업국을 중심으로 온실가스 배출 감축을 의무화하는 교토의정서가 채택되는 과정에도 미국은 적극적이었다. 특히 이 시기 클린턴 정부의 부통령이었던 앨 고어(Al Gore)는 1993년에 "2000년경이면 겨울은 과거에나 있었던 계절이 될 것"이라고 공개 선언하고 임기 내내 "지구를 구하자"라는 슬로건에 자신의 정치 생명을 걸었다. 당시 산업 문명과 인간의 탐욕으로 병들어가는 지구를 지킨다는 그의 멋진 정치 구호는 순진무구한 유권자들의 지지를 끌어들이기에 충분했다.

오리건 청원과 앨 고어의 낙선
그런데 공교롭게도 교토의정서가 채택된 1997년부터 지구온난화 중단(Global Warming Hiatus)이 시작되고 있음이 위성 관측 자료로 확인됐다. 그뿐만 아니라 1999년에는 미국의 과학자 31,487명이 교토의정서와 기타 유사 제안 거부를 촉구하는 오리건 청원(Oregon Petition)을 당시 클린턴 정부에 제출했다. 청원은 온실가스 배출 제한이 환경을 해치고 과학기술의 발전을 방해하며 인류의 건강과 복지를 해칠 것이라고 했다. 또 인간에 의한 이산화탄소, 메탄 또는 기타 온실가스 배출이 가까운 미래에 재앙적 지구 온난화를 일으킨다는 과학적 증거는 없으며, 대기에 이산화탄소가 증가하는 것은 자연 생태계에 많은 유익한 영향을 미친다는 상당한 과학적 증거가 있음을 알렸다.

지구 온난화 중단 현상과 과학자들의 오리건 청원은 앨 고어의 "지구를 구하자"라는 정치 슬로건에 먹물을 뿌린 셈이 됐다. 결국 2000년 미국 대선에서 민주당 앨 고어가 패하고 공화당 조지 부시가 승리했다. 부시 대통령은 2001년 취임하면서 교토의정서 가입을 거부했다. 영국 마가렛 대처 수상은 2002년 자신의 회고록 『국가 경영(Statecraft)』에 부시 대통령의 거부를 잘한 결정이라고 격려했다.[1] 이후 캐나다, 일본, 러시아 등이 탈퇴했고 결국 유럽 국가들만 남게 되어 유엔기후협약은 유명무실하게 됐다. 대선에 패한 앨 고어는 이러한 과정을 지켜보면서 『불편한 진실(Inconvenient Truth)』이라는 책을 저술하고 동명의 다큐멘터리 영화를 2006년에 내놓았다.

불편한 진실의 초대형 거짓말

이 영화는 같은 해 2월에 발표된 IPCC 4차 보고서와 함께 인간에 의한 지구 온난화 공포를 불러일으키며 전 세계를 휩쓸었다. 이렇게 기후 공포 장사에 성공한 앨 고어는 2007년 10월 IPCC와 공동으로 노벨 평화상을 수상하게 됐다. 앨 고어의 불편한 진실과 노벨 평화상 수상은 지금의 기후 종말론이 전 세계에 퍼져나가도록 하는 데 중요한 역할을 했다. 하지만 여기에는 "남극대륙 보스톡 빙핵(Vostok Ice Core) 사기"를 비롯한 초대형 거짓말들이 숨어있었다.[2] 앨 고어는 영화에서 남극대륙 보스톡의 빙핵 데이터를 이산화탄소가 지구의 기온을 상승시킨 듯 보여주면서 "지금 증가하는 이산화탄소는 가까운 미래에 지구를 불덩어리로 만들 것"이라 했다.

하지만 이것은 명백한 거짓이다. 지구의 기온이 먼저 상승하고 몇백 년 뒤에 이산화탄소가 뒤따라 올라갔음이 이미 1999년과 2003년에 나온 유명 학술지 『사이언스』 논문으로 밝혀져 있었다.[3, 4] 원인과 결과를 뒤집어 세상을 속인 것이다. 그뿐만 아니라 12만 년 전에 있었던 에미안(Eemian) 온난기에는 이산화탄소 농도가 지금보다 훨씬 낮은 300ppm도 되지 않았지만 기온은 섭씨 8도나 높았던 사실도 외면했다. 그가 사용한 보스톡 빙핵 데이터는 이산화탄소가 지구 기온을 상승시키지 않음을 입증하는 확실한 증거였다. 하지만 앨 고어는 세상을 속이기 위해 이를 숨겼다.

영화 속에 숨겨진 또 다른 거짓말들은 영국의 법원 판결로 밝혀졌다. 법원 판결은 영국의 영화감독 마틴 더킨(Martin Durkin)이 만든 『지구 온난화는 거대한 사기극(The Great Global Warming

Swindle)』이라는 다큐멘터리에 의해 시작됐다. 그는 세계적인 과학자들의 인터뷰와 지구의 기후 역사를 근거로 인간에 의한 지구 온난화를 부정하는 다큐멘터리를 만들어 2007년 3월 8일 영국 TV 방송 채널 4에 방영했다.

더킨 감독의 다큐멘터리는 예상하지 못했던 놀라운 힘을 발휘했다. 이 영화를 시청한 런던의 한 트럭 운전사가 영국 정부가 학교에서 앨 고어가 만든 『불편한 진실』을 상영하려 하자 **"정치적으로 일방적인 주장을 담은 영화를 학교에서 상영하도록 한 조치는 잘못"**이라며 정부를 상대로 상영 금지 소송을 냈다. 그는 학교에 다니는 두 명의 자녀를 두었는데, 앨 고어 영화를 아이들에게 보여주길 원하지 않았다.

런던 고등법원의 판결

판결을 맡은 런던 고등법원은 『불편한 진실』에 담긴 앨 고어의 주장에 관한 과학적 진실을 조사했고, 공교롭게도 앨 고어의 노벨 평화상 수상 발표 하루 전인 10월 10일에 아홉 가지 과학적 오류를 규명하여 판결문을 발표했다. 재판부는 이 영화는 "기우와 과장의 맥락"에서 제작됐고, 과학이 정치가와 홍보 전문가의 손에서 대중 선동 목적으로 가공됐다고 지적했다. 특히 아홉 가지 오류 중 일부는 과장의 정도를 넘어 허위 사실에 가까운 것으로 명시했다.

판결문에서 지적한 아홉 가지 오류들은 앨 고어 자신이 영화에서 직접 강의한 내용으로 다음과 같다.

(1)태평양 환초섬이 인간에 의한 지구 온난화로 인해 침수되고 있다. [진실] 침수되지 않았으며 오히려 그 규모가 커지고 있다.

(2)걸프 해류가 폐쇄되고 있다. [진실] 그렇지 않다. 매우 다양한 원인으로 인해 해류는 변한다.

(3)과거 65만 년 동안 이산화탄소 증가로 인한 기온 상승이 정확히 일치한다. [진실] 실제로는 정반대다. 자연적인 기온 상승이 있고 난 후 650~1,600년 후에 이산화탄소가 증가했다.

(4)아프리카 킬리만자로산(Mt Kilimanjaro)에서 눈이 사라진 이유는 인간에 의한 기후 변화 때문이었다 [진실] 눈이 사라지지 않았다. 강수량이 감소하여 눈과 얼음이 적었다.

(5)아프리카 차드 호수(Lake Chad)의 물이 말라버린 것은 기후 변화의 한 예다. [진실] 지역 주민들이 농업용수로 지나치게 많은 양의 물을 끌어 쓴 결과다.

(6)미국을 강타한 허리케인 카트리나는 지구 온난화로 인해 발생한 것이다. [진실] 허리케인 발생 수는 지난 100년 동안 감소했다. 기온과 무관하다.

(7)북극곰은 얼음을 찾아 머나먼 거리를 헤엄쳐가다가 익사했다. [진실] 모든 동물과 마찬가지로 북극곰도 죽는다. 북극곰은 원래 바다를 향해 수백 킬로미터를 헤엄치며, 뿐만 아니라 북극곰의 개체 수는 증가하고 있다.

(8)지구 온난화로 인해 전 세계 산호초들이 백화현상을 겪고

있다. [진실] 산호초의 백화현상은 수백만 년 동안 발생해
왔으며 지구 온난화와 무관하다.

(9)머지않아 남극대륙 서부와 그린란드가 녹으면서 해수면
이 최대 6미터까지 상승할 수 있다. [진실] 남극대륙과 그
린란드의 빙상은 확장과 수축을 반복한다. 남극대륙의 빙
하 아래에는 150개 이상의 지열 점과 화산이 확인됐다.

또한, 재판부는 『불편한 진실』을 학교에서 교재로 활용하는
것은 가능하지만, 일방적인 주장에 그치지 않도록 반대편의 목
소리도 함께 다루어야 한다는 단서도 달았다. 정부는 이러한 내
용이 담긴 77페이지에 달하는 시정 지침을 모든 학교에 보내라
는 명령을 재판부로부터 받았다.

계속되는 거짓 선동

앨 고어의 불편한 진실에는 "10년 안에 지구에 전례 없는 문
제가 닥칠 것"이라며 다음과 같은 예측이 나온다: "인류는 시한
폭탄 위에 앉아있다. 세계 과학자들의 대다수가 옳다면, 우리는 엄
청난 재앙을 피할 수 있는 시간이 단 10년밖에 남지 않았다. 이
재앙은 홍수나 가뭄과 같은 극한 기상 이변, 전염병 확산, 그리고
지금까지 경험한 적 없는 치명적인 폭염으로 이어질 수 있다. 이
는 우리 스스로가 초래한 재앙이다." 그가 예측한 10년이 지나갔
고, 지구는 아무렇지도 않고 지금이 돌이킬 수 없는 시점에 있
지 않다. 더구나 그가 말하는 재앙은 존재하지도 않을 뿐만 아

니라 우리 스스로 초래하지도 않았다.

앨 고어는 2007년 영국 법원의 판결 이후 자신의 저서와 영화 내용을 정정하거나 사과한 적이 없다. 고어는 뻔뻔하게도 전세계를 돌아다니며 수많은 거짓말을 쏟아내고 있다. 노벨 평화상이 그에게 기후 사기 면죄부를 준 것이나 다름이 없었다. 그는 2009년 12월 덴마크 코펜하겐 COP15에 나타나 5년 후면 북극해에는 여름철 빙하가 사라질 것이라고 했다.[5] 그는 이미 2007년 노벨 평화상 수상 연설에서는 같은 예측을 했다. 하지만 2025년이 된 지금도 북극해에 여름철 빙하가 있다. 오히려 2012년 이후부터 북극해 여름철 빙하는 증가하고 있다.

앨 고어는 전 세계를 돌아다니며 『불편한 진실』을 열심히 홍보하다 2017년에는 속편 『권력에 대한 진실(An Inconvenient sequel: Truth to Power)』을 개봉했다.[6] 전편 『불편한 진실』에서 자신이 조장한 종말론적 시나리오가 하나도 현실로 나타난 것이 없음에도 불구하고 "대자연이 비명을 지르고 세상은 혼란과 혼돈, 질병, 폭풍과 홍수에 파괴될 것"이라고 홍보하고 있다.[7] 녹색주의자들은 이처럼 밝혀진 거짓도 상관하지 않고 기후 공포 조장을 계속한다. 일반 대중은 쉽게 잊고 거짓 선동도 계속하면 믿게 되는 인간의 약점을 철저히 이용하는 것이다.

거짓과 위선의 노벨 평화상 수상자

그는 위선자다. 전 세계를 향해 가까운 시일 내에 해수면이 6미터 상승할 것이라고 경고를 했으면서도 정작 그는 캘리포니아의 해안가에 900만 달러 상당의 저택을 구입했다.[8] 그는 탄소 배출권 거래 회사를 설립하여 수억 달러의 이익을 창출했고, 지구 온난화 공포를 홍보함으로써 막대한 수익을 올렸다.[9] 그는 개인용 제트기를 타고 전 세계를 돌아다니며 탄소 배출을 줄여야 한다는 강연으로 회당 30만 달러 이상을 챙긴다. 그는 기후 보호 연맹(Alliance for Climate Protection)을 설립하여 오픈 소사이어티 재단(Open Society Foundation)이나 조지 소로스(George Soros) 등으로부터 막대한 자금을 지원받았다.[10]

테네시 내슈빌에 있는 그의 집에서는 미국 평균 가정보다 20배나 많은 전기를 소비하며, 캘리포니아 저택에서는 전력 소비량이 전국 평균의 34배에 달하기도 한다.[11, 12] 하지만 앨 고어는 미국 평균 가정보다 적은 에너지를 소비하겠다는 개인적 윤리 서약서의 서명은 거부했다.[13]

2018년 인터뷰에서 고어는 "기후 위기는 이제 인류가 직면한 가장 큰 실존적 도전이 되었다"라고 주장했다. 그는 또 "운이 좋게도 이 위기 해결에 기여하기 위한 노력에 모든 에너지를 쏟아부을 수 있었다"라고 자랑했다.[14] 그리고 그는 "현대인의 과소비는 지구를 파괴하기 때문에 히틀러의 전체주의보다 더 나쁘다"라고 강연했다. 하지만 그는 개인용 제트기와 리무진을 타며 엄청난 양의 에너지를 개인적으로 소비하며 호화로운 대저택에 살고 있다는 사실은 절대로 말하지 않는다.

거짓과 위선의 노벨 평화상 수상자 앨 고어가 만들어낸 억만장자 기후 사기 비즈니스 모델에는 희생자들이 있기 마련이다.

그들은 바로 서방 국가의 일반 국민이다. 하지만 사회 통제적 환경 규칙으로 개인의 자유를 박탈당하고 전기 요금이 천정부지로 오르자 이제 그들도 눈을 뜨기 시작했다. 앨 고어의 과거 언행을 추적하고 지금 누리는 엄청난 부를 세밀히 살펴보면 거대한 기후 사기극으로부터 깨어날 수 있다.

2025년 1월 월스트리트저널은 "기후 변화 이데올로기는 왜 죽어가나"라는 칼럼에서 공산주의 몰락을 사례로 들면서 앨 고어와 같은 자들의 위선을 지적하고 있다.[15] 평등을 내세웠던 공산주의가 국민이 지도자의 불평등 위선을 알았기 때문에 신뢰를 잃고 몰락했던 것과 같이, 국민이 기후 변화 이데올로기 지도자들이 에너지를 과소비하는 호화로운 생활로 엄청난 이산화탄소를 배출하는 사실을 알면 그 이데올로기는 신뢰를 잃고 죽을 수밖에 없다는 것이다.

앨 고어는 기후 변화를 정치 이데올로기로 만든 장본인이다. 그래서 그의 위선적 삶은 몰락을 불러올 수 있는 강력한 힘을 가졌다. 더구나 그의 다큐멘터리 『불편한 진실』이 세상을 속인 거대한 사기극이었음이 과학적 사실과 사법적 판결로 확인된 것을 피해자들이 알면 기후 변화 이데올로기는 공산주의보다 더 빠르게 몰락하게 될 것이다. 위선자 앨 고어에 관한 모든 사실이 하루빨리 세상에 널리 알려지길 바란다.

제16장
명사들의 기후 망언

앨 고어가 기후 선동으로 노벨 평화상을 받고 억만장자 일인 비즈니스 모델을 만들어내자 그 뒤를 따르려는 자들이 줄을 섰다. 그레타 툰베리와 같은 소녀에서부터 찰스 3세와 같은 늙은 이에 이르기까지 "지구를 구하자"를 외치기 시작했다. 이들은 모두 돈만 아는 탐욕적인 인간들로부터 죽음에 임박한 지구를 구하는 선량한 투사의 모습으로 세상에 알려지고 싶었다. 이들은 언론에 얼굴을 내밀고 싶었고 언론은 이들로부터 세계인이 주목하는 뉴스를 만들길 원했다. 서로의 이해관계는 맞아떨어졌고 이들이 기후 대재앙이 임박했다는 충격적인 말을 뱉을수록 뉴스의 가치는 치솟았다. 근거가 있거나 말거나, 진짜 가짜는 상관없었다.

영국의 찰스 3세
찰스 3세는 2022년 영국과 영연방 14개국의 왕으로 즉위했다. 그는 왕세자 때부터 열심히 기후 망언을 쏟아냈다. 앨 고어가 개인용 제트기로 전 세계를 누비며 『불편한 진실』을 알리고 2007년 12월 10일 노르웨이 오슬로에서 노벨 평화상까지 수상하는 것을 본 찰스 왕세자도 기후는 고사하고 과학적 지식도 별로 없으면서 "지구를 구하자"라는 대열에 참여했다. 2009년 찰스는 지구를 구할 시간이 96개월 남았다는 선언을 과감하게 했다.[1] 무엇으로부터 어떻게 구한다는 말인가? 왜 하필 8년(96개월)인가? 이후 8년이 지났지만 세상 사람들은 2009년보다 더 나은 삶을 살고 있다.

왕세자는 사람들 만나서 악수나 하고 아기 얼굴에 뽀뽀나 할 것이지, 말도 안 되는 정치 잡담은 하지 말았어야 했다. 2009년에는 당시 영국 고든 브라운(Gordon Brown) 수상은 이 말을 듣고 한술 더 떠서 지구를 재앙으로부터 구할 수 있는 50일이 남았다고 했다.[2] 그로부터 50일이 지났고 아무 일이 없었다. 변한 것은 고든 브라운이 수상에서 물러났다는 사실뿐이다. 고든 브라운의 이런 발언은 지구 재앙이 아니라 본인 대참사였다.

찰스 왕세자는 그 후 10년이 지난 2019년에도 실패한 예측을 반복했다.[3] 그는 영연방 외무장관 리셉션에서 "나는 앞으로 18개월이 기후 변화를 생존 가능한 수준으로 유지하고 자연을 생존에 필요한 균형으로 회복시키는 능력을 결정할 것이라는 생각을 확고히 가지고 있다"라고 말했다. 이것은 도대체 무슨 뜻일까? 인간은 해수면 수준의 저고도, 고산지대, 사막, 극지방, 온대 및 열대 지역 등 모든 곳에서 생존한다. 자연을 균형으로 회복하는 능력은 또 무엇인가? 지구는 역동적이라 균형을 이루는 시스템이 아니다. 짐작하기에는 왕세자의 말에서 인구 감소를 원하는 뉘앙스가 풍긴다. 그렇다면 어떤 기술을 사용해야 하나? 그가 말한 18개월 동안 영국의 1인당 이산화탄소 배출량은 감소했지만 전 세계 배출량은 더 빠른 속도로 계속 증가했다. 그는 당장 자신의 기후 변화 자문관을 해고해야 한다. 영국 왕세자는 그렇게 중요한 자리에서 어떻게 그런 멍청한 말을 할 수 있나? 신기하게도 영연방 외무장관들은 그 말을 듣고만 있었다.

미국 민주당 정치인들

2009년 미국 민주당 상원의원 존 케리(John Kerry)는 과학자가 그렇게 말했다는 간접 화법으로 기후 망언을 했다.[4] 그는 "과학자들은 우리가 재앙적인 기후 변화가 피할 수 없고 되돌릴 수 없는 상황이 되기까지 10년밖에 남지 않았다고 한다. 심지어 그마저도 장담할 수 없다. 위협은 현실이고, 시간은 우리 편이 아니다. 과학자들은 북극해 빙하가 2050년이 아니라 2013년 여름이면 사라지게 될 것으로 예측한다. 재앙적인 기후 변화는 인류의 안전, 세계 안정, 그리고 미국의 국가 안보에도 위협이 된다는 사실을 명심해야 한다"라고 말했다. 어느 사이비 과학자가 그런 말을 했나? 그는 잠시 미국 녹색주의자들의 지지를 받기 위해 망상에 빠졌을 뿐이다. 그는 2004년 미국 민주당 대통령 후보였지만 조지 부시에게 패했다. 패하길 정말 잘했다. 그런 그가 2014년부터 2017년까지 오바마 정부에서 국무장관이었고 2021년부터 2024년까지 바이든 정부의 기후 특사로 활동했다. 미국에서 민주당 핵심 정치인이 되기 위해서는 녹색주의자들의 열렬한 지지가 필요하기 때문에 기후 망언을 쏟아낼 수밖에 없었다.

사회주의자임을 자처하는 버니 샌더스(Bernie Sanders)는 미국 버몬트주 상원의원 출신으로 2016년과 2020년 민주당 대통령 후보 경선에서 두 번 다 실패했다. 그는 2019년 민주당 대선 후보 토론회에서 당원들의 표를 얻기 위해 다음과 같이 말했다.[5] "우리에게는 시간이 없다. 과학자들은 우리가 제대로 행동하지 않으면 8~9년 내에 전 세계의 주요 도시들이 물에 잠기고 가뭄이 증가하며 극단적인 기상 현상이 더 많이 발생할 것이라고 경고하고 있다." 그는 날씨가 따뜻해지면 공기 중에 수증기가 더 많아지고 강우량이 증가한다는 사실을 몰랐다. 그의 참모들은 녹색주의자들이었다. 지구의 기후를 조금이라도 아는 과학자라면 이런 조언을 할 수가 없다.

미국 뉴욕 브롱크스 술집에서 바텐더로 일하다 2016년 버니 샌더스를 따라 정계에 입문하여 연방 하원의원이 된 알렉산드리아 오카시오-코르테즈(AOC: Alexandria Ocasio-Cortez)는 민주당에서 가장 활동적인 기후 선동가다. 그녀는 2014년 세상이 12년 뒤에 끝날 것이라고 말해 언론의 큰 주목을 받았다.[6] 이 말로 그녀는 정말 많은 조롱을 받았지만 미국 녹색주의자들로부터 추앙받는 유명 정치인이 됐다. 2024년 선거에서도 민주당 강세 지역 뉴욕에서 다시 살아남아 앞으로도 그녀의 기후 망언은 계속될 것이다.

유엔 사무총장 안토니우 구테흐스

기후 망언의 대가로는 역시 안토니우 구테흐스 유엔 사무총장이 최고다. 2017년에 제9대 유엔 사무총장으로 취임한 그는 만사를 제쳐놓고 기후 선동에 매진했다. 이 시기에 등장한 말이 기후 위기, 기후 종말, 기후 비상사태, 기후 대재앙 등이다. 그가 지금까지 한 기후 어록을 보면 거의 광적인 수준이다. "인류는 기후 변화로 거주 불능 지구가 되는 힘든 진실과 마주하고 있다. 우리는 생존을 걸고 싸우고 있지만 패배하고 있다. 우리는 여전히 고속도로 위에서 가속 페달을 밟은 채로 기후 지옥으로 향하고 있다. 인류에게는 '함께 협력할 것인가 아니면 다 같이 망할 것인가'라는 선택권이 주어졌다. 그것은 곧 '기후 연대 협약인가 아니면 집단 자살 협약인가'와 같다." 그의 기후 어록은 전 세계 언론과 녹색주의자들이 지금까지 즐겨 인용하고 있다.

지난 2023년 7월 27일에 그는 "지구 온난화 시대는 끝났고, 지구 열대화 시대가 시작됐다"라고 선언했다. 그리고 2개월 뒤인 9월 20일에 개최된 제78차 유엔기후목표 정상회의에서 "인류가 기후 위기로 지옥으로 가는 문을 열었다"라며 세계인들이 불지옥 지구를 연상하게 했다. 하지만 두 달 뒤인 11월 말부터 유럽, 북미, 아시아 등 세계 곳곳에서 그가 선언한 열대화와 불지옥과는 정반대로 기록적인 폭설과 혹한을 겪게 됐다. 2024년 1월 17일 스위스 다보스포럼에서는 "기후 붕괴가 시작됐고 이제 우리는 역사상 가장 추운 해를 맞을 수도 있다"라고 말했다. 스위스 다보스의 겨울철 설경은 지구 열대화와 불지옥에는 전혀 어울리지 않자 이번에는 기후 붕괴라는 말을 꺼내 들고 기록적인 추위도 화석 연료 때문이라고 했다. 2025년 1월 다시 다보스포럼을 찾은 그는 "세계적인 화석 연료 중독은 프랑켄슈타인(인간이 통제할 수 없는) 괴물이다"라며 자신이 홍보한 재생에너지 사용이 저조함을 원망했다. 이제 지구 열대화, 지옥문, 기후 붕괴, 프랑켄슈타인 괴물 등은 대중 충격 언론용 기후 전문 용어로 남게 될 것이다.

구테흐스의 기후 선동 속셈은 그의 경력과 발언에서도 짐작할 수 있다. 그는 포르투갈 사회당 대표로 총리를 역임했고, 전 세계 사회주의 정당 모임인 "사회주의인터내셔널" 대표로 1999년부터 2005년까지 활동했다. 그는 2022년 "이제 지구를 불태우는 것을 멈추고 우리 주변에 넘쳐나는 재생에너지에 투자해야 할 시간이다"라고 말했다. 지구가 불타는 것도 아니고 재생에너지에 열심히 투자해도 기후에는 아무런 변화가 없다. 단지 국민은 비싼 전기 요금을 내야 하고 국가 경제는 심각한 타격을 받을 뿐이다. 그의 속셈은 산업자본주의 몰락과 사회주의 세계화에 있다. 그는 유엔사무총장이라는 직위를 이용하여 사회주의 종주국이자 녹색 제품 1위 생산국인 중국을 위해 최선의 노력을 다하고 있다.

청소년 선동가 그레타 툰베리

구테흐스 유엔 사무총장은 자신의 기후 선동에 힘을 얻기 위해 2019년 9월 유엔총회에 스웨덴 출신 기후 선동가 그레타 툰베리를 초청했다. 툰베리는 미국 뉴욕에 가면서 탄소 배출을 줄이기 위해 2주 동안 태양광 요트로 대서양을 횡단했다. 이 것으로 인해 "플뤼그스캄(Flygskam)"이라는 스웨덴 말이 녹색주의자들의 유행어가 됐다. "비행기 여행을 부끄럽게 여긴다(Flight Shame)"라는 의미로 탄소 배출을 줄이기 위해 느리더라도 비행기 대신 기차나 버스 등 육상 교통수단을 이용하자는 구호다.

유엔에 온 툰베리는 각종 기후 망언을 쏟아냈다. 그녀는 "생태계 전체가 무너지고, 대규모 멸종이 시작되는데 당신은 영원한 경제성장이라며 돈 타령이나 하고 있다. 당신들이 감히 어떻게 그럴 수 있나"라고 목소리를 높였다. 그리고 "당신들은 우리를 실망시켰고, 우리는 당신들의 배신을 깨닫기 시작했다"라며 "미래 세대의 눈이 당신을 향해 있다. 만약 우리를 실망시키는 쪽을 선택한다면 우리는 결코 용서하지 않을 것"이라고 말했다.

아스퍼거 증후군(Asperger syndrome)이라는 자폐 증상이 있는 툰베리는 "나는 지금 이곳이 아니라 바다 반대편 학교에 있어야 한다. 당신들은 내 어린 시절과 꿈을 앗아갔다"라며 목소리 높였다. 툰베리 말이 맞다. 그녀는 학교에 가서 지구의 기후 역사, 탄소 순환, 이산화탄소, 온실효과, 과학의 본질에 관해 공부해야 한다. 앞으로는 녹색주의자들에게 이용당하지 않길 바란다. 하지만 구테흐스가 끌어들인 툰베리가 국제 사회에 미친 파장은 매우 크다. 지금 세계 곳곳에서 수많은 청소년이 녹색주의자들의 기후 선동에 동원되고, 그들은 앞선 세대가 지구를 망쳐 자신들은 일찍 죽게 됐다고 악몽을 꾸며 울부짖고 있다.

세계적인 과학자의 극단적 망언

과학자의 소신으로 극단적 망언을 계속하다 마지막에는 크게 후회하고 세상을 떠난 유명인사도 있다. 지구는 스스로 조절하는 초자연적 유기체라는 가이아 이론으로 세계적인 과학자가 된 제임스 러브록(James Lovelock)은 지구 온난화 이론의 강력한 지지자였다. 그는 2006년에 출간한 저서『가이아의 복수(The Revenge of Gaia)』에서 2020년까지 극심한 날씨가 일상화되어 전 세계가 황폐화하고, 2040년에는 유럽 대부분 지역이 사하라 사막이 되며, 영국 런던의 일부가 물속에 잠길 것이라고 했다. 그는 또 지구 온난화가 이미 한계점(Tipping Point)을 지났기 때문에 재앙은 멈출 수 없으며, 지구 육지의 많은 부분이 너무 더워져 거주할 수 없거나 물속으로 가라앉아 대규모 이주, 기근, 전염병이 발생할 것이라고 했다.[7]

그는 2008년 자신의 저서에 관해 영국 가디언지와 인터뷰한 기사에서 지금 인류는 제2차 세계대전이 발발하기 직전인 1938~1939년과 정확히 같은 시기에 살고 있다면서 "당시 모두가 끔찍한 일이 일어날 것을 알고 있었지만 어떻게 해야 할지 몰랐다"라고 했다.[8] 그는 현생인류가 지구에 출현한 이후 7번의 대재앙을 경험했는데 그때마다 적자만 생존할 수 있었으며, 지금의 지구 온난화가 적자를 골라내는 새로운 재앙이 될 것이라고 했다. 그는 2100년까지 세계 인구 약 80%가 사라질 것이며 살아남은 자들은 극지방으로 피난 가게 될 것이라고 했다.

다른 녹색주의자와 달리 그는 원자력 발전이 유일한 해결책이라고 했다. 하지만 그는 원자력 발전은 기술과 자본의 부족으로 세계 모든 곳에 적용 불가능하여 이것 역시 지구를 구할 수가 없고 더 큰 문제는 기후 변화로 인한 식량 부족이라고 했다. 그는 재생에너지를 사용하거나 에너지 절약과 자원 재활용 등을 통한 친환경적 생활 방식은 단지 지구를 구한다는 정신적 위로만 줄 뿐이지 해결책이 아니라고 말했다. 또 자연으로 돌아가서 지속 가능한 삶을 사는 것이 스스로를 구할 수 있다는 생각은 미친 짓이며, 탄소 중립도 아무런 효과가 없기 때문에 앞으로 20년 동안 그냥 인생을 즐기는 것이 좋다고 했다. 영국은 미래에 기후 난민들의 구명보트가 될 것이며 풍력 터빈에 시간을 낭비하는 대신 생존 방법을 찾는 것이 좋다고도 했다.

2007년에 그의 저서 『가이아의 복수』가 출간되자 세계적인 베스터셀러가 됐다. 반문명적 인간 악마론에 사로잡혀 있었던 전 세계 녹색주의자들은 이 책을 열렬히 환호했다. 하지만 그는 2012년 한 언론과의 인터뷰에서 "내가 실수했다(I made a mistake)"라며 지난 20여 년 동안 확신했던 기후 대재앙은 오지 않음을 인정했다.[9] 그는 한때 인간을 지구 파괴의 악마로 생각했지만 후에 틀렸음을 공개적으로 밝힌 용감한 과학자로 남게 됐다. 그는 지난 2022년 7월 103세의 나이로 자신이 연구하고 사랑했던 가이아로 돌아갔다.

기후 망언과 사회경제적 피해

제임스 러브록은 자신의 예측이 모두 틀렸고 스스로 실수였음을 인정했지만 평생 지구를 연구한 세계적인 과학자의 기후 망언은 엄청난 파급력을 보였다. 그리고 그가 남긴 저서는 지금도 녹색주의자들의 성서가 되어 세상을 어지럽히고 있다. 그래서 지금도 자칭 과학자, 뉴스에 굶주린 언론인, 대중의 관심을 원하는 연예인, 유엔 관료, 반자본주의자, 과학에 까막눈인 정치인들, 여기에 아는 척 설교하기 좋아하는 억만장자에 이르기까지 자신의 존재감을 알리기 위해 기후 대재앙이 임박했다고 떠들고 있다. 그들은 스스로 지구를 구하는 천사라고 생각하지만 단지 기후 무지를 과시하고 창조주의 위대함을 모독하고 있을 뿐이다. 어떤 이는 데이터를 조작한 사기꾼이고, 어떤 이는 그런 사기에 당하고 그것이 사기인지 몰라서 다시 주변에 사기를 치고 있는 것이 지금의 현실이다.

명사들의 기후 망언은 무지와 사기로만 끝나지 않는다. 이미 막대한 사회경제적 피해를 치르고 있다. 국가 경제는 피폐해졌고 국민은 더 가난해졌으며 고용 기회가 줄어들었다. 특히 중국에 에너지 주권을 팔아넘긴 국가는 파산할 수도 있다. 그뿐만 아니라 피할 수 없는 다음 지구 냉각기 동안 따뜻하게 지낼 수 있는 저렴하고도 신뢰할 수 있는 에너지가 충분하지 않게 될 것이다. 식량 부족이 발생할 수도 있다. 전 세계가 탄소 중립으로 가게 되면 기아와 빈곤이 극심해지고 수많은 사람이 죽어나갈 것이다. 이것이 바로 녹색주의자들이 원하는 것이다.

제17장
확인 불가 가짜 재앙

녹색주의자들의 기후 선동은 그동안 상당한 위력을 보였다. 특히 부패한 과학자들과 유엔이 앞장서고 세계적인 명사들이 동참하면서 인간이 지구의 기후를 변화시켰고 지금의 문명은 가까운 미래에 대재앙을 불러올 것이라는 위기론이 대중으로부터 설득력을 얻었다. 하지만 태풍, 허리케인, 토네이도, 사이클론 등과 같은 기상 이변이 실제 관측 자료에서 변화 없거나 줄어들고 있으며 지난 100년 동안 기후 재난으로 인한 인명 피해가 99%나 급격히 감소했다는 사실이 확인되면서 기후 위기론은 의심받게 됐다.

남극대륙의 빙하와 태평양 산호초

그래서 녹색주의자들은 극지방 빙하나 남태평양 산호초와 같이 일반인들은 접근하기 어려운 "확인 불가 가짜 재앙"을 이용하고 있다. 인간에 의해 지구에 큰 문제가 생겼다고 해도 일반인은 확인할 수가 없다. 특히 남극대륙과 그린란드에 있는 육상 빙하의 융해는 해수면 상승이라는 대재앙 공포로 이어질 수 있다. 그뿐만 아니라 극지방 부근의 육지 얼음이 녹아 일정 한 계점을 지나면 땅속 메탄가스가 폭발적으로 분출되어 걷잡을 수 없는 재앙이 될 수 있다는 선동도 가능하다.

지금 언론들은 녹색주의자들이 "확인 불가 가짜 재앙"으로 만들어내는 대중 충격용 뉴스를 열심히 퍼 나르며 공포 장사를 즐기고 있다. 여기에 여론 과학자들이 이 가짜 뉴스를 진짜로 확인한 증인처럼 행세하며 신뢰도를 높여주고 있다. 하지만 그들이 만들어내는 가짜 재앙은 관찰 기록과 진짜 과학자들의 연구 논문으로 그 진위가 밝혀지고 있다.

녹색주의자들은 남극대륙의 해안 빙하가 떨어져 나가는 영상을 기후 대재앙의 전조로 사용한다. 하지만 남극대륙의 빙하 아래에 존재하는 3,000km에 이르는 화산 고리는 숨긴다. 그곳에는 150개 이상의 지열 점(Hot Spot)과 화산이 있음이 밝혀졌다.[1, 2, 3] 남극대륙에는 오히려 빙하가 증가하고 있다. 2015년에 나온 논문에 따르면 육상 빙하는 연간 820만 톤씩 증가하는 것으로 밝혀졌다.[4] 해안 빙하 증가도 2023년 5월에 출간된 논문에서 확인할 수 있다.[5] 이는 미국과 영국의 대학 국제공동연구팀이 남극대륙의 해안 빙하 면적을 2009년부터 2019년까지 위성사진으로 분석한 결과다. 해안 빙하 총 34개 중에서 18개는 줄어들었고 16개는 늘어났다. 순증가 빙하 면적은 총 5,305km^{2}로 밝혀졌으며 이는 661Gt(기가톤)에 달한다.

또 다른 확인 불가 가짜 재앙 대상은 산호초다. 녹색주의자들은 2011년부터 지구 온난화로 산호초 대재앙이 임박했다고 선동하기 시작했다.[6] 하지만 2024년 호주 해양과학연구소(AIMS: Australian Institute of Marine Science)는 인근 최대 군락지인 그레이트 베리어 리프(Great Barrier Reef)의 산호초가 1986년 이후 왕성하게 번성하고 있다고 발표했다.[7] 2011년부터 2024년까지 대기 이산화탄소는 33ppm이나 증가했다. 이산화탄소가 기온 상승을 유발하고 그로 인해 산호초 대재앙이 일어난다는 주장은 틀렸음이 분명하다. 하지만 녹색주의자들은 지금도 화석 연료 사용으로 산호초가 죽어가고 있다고 선동하고 있다.

북극해와 그린란드 빙하

남극대륙 빙하와 남태평양 산호초보다 더욱 자주 사용하는 확인 불가 가짜 재앙 대상은 북극해와 그린란드 빙하다. 이곳은 북반구에 위치하여 과거부터 인접한 5개국(미국, 캐나다, 러시아, 노르웨이, 덴마크)에 의해 관찰되어 왔으며 탐험가들에 의한 기록도 다수 남아있다. 그래서 거짓말은 더욱 쉽게 밝혀질 수밖에 없다.

북극해 빙하 선동은 앨 고어가 처음 시작했다. 그는 2007년 노벨 평화상 수상 연설과 2009년 코펜하겐 COP15에서 북극해 여름철 빙하는 2013년이면 완전히 사라질 것이라고 했다.[8] 이후 녹색주의자들은 북극해 빙하를 기후 선동에 자주 활용해 왔다. 하지만 관측 기록과 학술 연구 결과는 인간이 배출하는 이산화탄소에 의해 북극해 빙하가 녹거나 얼고 면적과 부피가

달라지지 않음을 보여주고 있다.

북극해와 그린란드에는 매우 독특한 두 현상이 있다. 첫 번째는 이곳에는 두 지각판(유라시아판과 북아메리카판)이 접해있기 때문에 개컬 리지(Gakkel Ridge)라 불리는 능선을 따라 활발한 지진과 화산활동이 일어나고 있다는 사실이다.[9] 두 번째는 이곳에는 상당한 수온 차이를 갖는 북대서양 해류가 일정한 주기를 갖고 흐른다는 사실이다. 그리고 이 현상이 주변 육지 기온에 결정적 영향을 주고 있다. 이는 과거 관찰된 기록과 언론 기사를 통해 확인할 수 있다.

미국의 주요 일간지 『워싱턴 포스터』는 1922년 11월 2일 다음과 같은 기사를 보도했다.[10] "노르웨이 베르겐(Bergen) 영사관에서 어제 상무부에 보낸 보고서에 따르면 북극해가 따뜻해지고 있고, 빙산이 점점 더 줄어들고 있으며, 일부 지역에서는 물범들이 바닷물을 지나치게 덥게 느끼고 있다. 어부, 바다표범 사냥꾼, 탐험가들의 보고에 따르면 북극 지역에서 기후 조건의 급진적인 변화가 일어나고 있으며 지금까지 들어보지 못했던 기온에 대해 언급하고 있다. 탐험 보고에 따르면 북위 81도 29분까지 바닷물 위로 올라온 빙산(Iceberg)은 거의 발견되지 않았다고 한다. 수심 3,100m 측정한 결과 바닷물은 여전히 매우 따뜻한 것으로 밝혀졌다."

보고서는 계속해서 "거대한 얼음 덩어리가 흙과 돌로 이루어진 빙퇴석(Moraine)으로 대체되었고, 여러 곳에서 그동안 잘 알려진 빙산들은 완전히 사라졌다. 북극해 동쪽에서는 물개가 거의 보이지 않으며, 흰 살 생선은 전혀 발견되지 않았다. 반면 그간 북쪽으로 오지 않았던 청어와 작은 민물고기 떼가 과거 물개 낚시터에서 대규모로 발견되고 있다. 수년 내로 얼음이 녹으면서 해수면이 상승하여 대부분의 해안 도시에 사람이 살 수 없게 될 것으로 예상된다"라고 적고 있다.

1958년 10월 19일 『뉴욕 타임스』는 "북극해의 변화하는 얼굴"이라는 제목의 기사로 "과학자들은 북극해의 빙하가 50년 전보다 두께가 40%나 얇아졌고 면적이 12% 정도 줄어든 것으로 보고했다"라면서 "독자들의 자녀 생애에는 배가 북극 지점까지 항해할 수 있을 것"이라는 소식을 알렸다. 또 기사는 "일반 대중은 두껍고 단단한 얼음이 북극해 중앙을 덮고 있다는 생각을 확고히 하겠지만, 사실 북극해 빙하는 전체적으로 수심 3km 바다 위에 얇은 2m 덮개에 불과하다"라며 최근 잠수함 노틸루스(Nautilus)와 스케이트(Skate)가 북극 지점까지 항해했음을 기록으로 남겼다.

원인은 땅과 바다에

더욱 흥미로운 기록도 있다. 유명한 영국 왕립 해군 탐험가였던 프랜시스 맥클린톡(Sir Francis McClintock) 경은 1854년 캐나다의 배로우 해협(Barrow Strait)에 갔으며 1860년에는 얼음이 없었다는 기록을 남겼다. 노르웨이 탐험가 로알드 아문센(Roald Amundsen)은 1906년 해빙이 줄어든 시기에 서북 항로(Northwest Passage)를 항해했다는 기록을 남겼다. 또 다른 노르웨이 탐험가 헨리 라센(Henry Larsen)도 1944년에 서북 항로를 항해했다. 2020년 8월 덴마크 기상청에서 나온 북극해 빙하 차트에 따르면 오늘날에는 이러한 항해가 불가능한 것으로 밝혀졌다.

그린란드에 관한 흥미로운 기록도 있다. 1939년 12월 17일 미국 신문 『해리스버그 쿠리어』는 스웨덴 지질학자 한스 알만(Hans Ahlmann) 교수가 지리학회에서 발표한 자신의 북극 탐험에 대해 밝힌 다음 사실을 담고 있다. "동부 그린란드(Eastern Greenland)의 모든 빙하가 급속히 녹고 있다. 그리고 그 빙하는 노르웨이에 있는 빙하와 마찬가지로 재앙적 붕괴에 직면해있다고 해도 과장된 표현이 아닐 것이다." 2009년 미국 기상학회 학술지에 게재된 논문은 그린란드 빙하 위에서 관측된 기온은 1930년대와 1940년대가 지금과 같거나 높았다는 사실을 보여주고 있다.[11]

1922년과 1958년의 북극해 기사를 보면 지금은 빙하가 완전히 사라졌어야 한다. 또 1860년, 1906년, 그리고 1944년에는 어떻게 캐나다 배로우 해협과 서북 항로로 항해가 가능했나? 그린란드에서 관측된 기온이 1930년대와 40년대에 왜 지금과 같거나 높았나? 또 무슨 이유로 그때는 빙하가 급속히 녹았나? 당시에는 인간의 화석 연료 사용이 많지 않았고 대기 이산화탄소 농도도 300ppm도 되지 않았는데 어떻게 그런 일이 가능했나?

답은 하늘이 아니라 땅과 바다에 있었다. 하늘의 이산화탄소로 지구가 더워진 것이 아니라 땅속 지열과 화산 그리고 해류로 인한 것이다.[12, 13] 북대서양에는 60~80년 주기로 냉온을 반복하는 대서양 진동(AMO: Atlantic Multidecadal Oscillation) 현상이 나타나고 있다.[14] 태평양에도 이와 비슷한 60년 주기인 진동(PDO: Pacific Decadal Oscillation)이 나타난다. 이는 1997년 처음 발견되었으며 연어 어획과 관련이 있었다. 태평양과 북대서양이 따뜻한 시기는 북반구의 육지를 따뜻하게 하는 경향이 있다. 1930년대에는 AMO와 PDO의 따뜻한 현상이 동시에 발생했다. 이 시기에 미국에서 기록적인 폭염과 먼지 폭풍(Dust Bowl)이 발생했다. 둘 다 차가운 현상은 1964년부터 1979년까지 동시에 발생했으며, 이 시기에 지구가 새로운 빙하기에 접어들고 있다는 공포가 있었다. 해류가 지구 기온에 미치는 영향의 중요성을 짐작해볼 수 있는 실측 자료다.

히말라야와 알프스의 빙하

확인 불가 가짜 재앙을 이용한 사기극도 있었다. IPCC 제4차 보고서에는 세계를 우롱하는 가짜 재앙이 기술되었고 이는 히말라야 빙하 게이트(Himalayan Glacier Gate)로 이어졌다. 이 보고서는 지구 온난화로 히말라야 빙하가 2035년까지 다 녹을 것이며 이는 아시아인 20억 명의 생명수를 위협할 것이라 했다. 당시 IPCC 의장이었던 라젠드라 파차우리(Rajendra Pachauri)는 이것을 이용하여 2009년 거액(약 52억 7천만 원)에 달하는 연구비를 자신이 운영하는 인도의 연구소(TERI: The Energy and Resources Institute)로 받았다. 하지만 IPCC는 후에 히말라야 빙하가 2035년까지 다 녹는다고 한 기술은 거짓이고 2530년의 오타였다고 해명했다.[15] 2530년도 근거 없는 숫자에 불과하지만 오타로 전 세계인에게 기후 공포를 불러일으키고 거액의 연구비를 받아내는 것이 IPCC가 내놓는 보고서 수준이다.

확인 불가 가짜 재앙으로 이용된 고산지대의 빙하는 기후 변화 진실 규명에 중요한 증거가 되기도 했다. 2022년 여름 해발 2,800m의 스위스 알프스 빙하가 녹으면서 놀라운 사실이 밝혀졌다. 그곳에는 2,000년 전 로마 시대 사람들이 다녔던 길이 드러났다.[16] 2013년에는 미국 알래스카 멘덴홀(Mendenhall) 빙하에서 1,000년 전에 있었던 숲이 발견되기도 했다.[17] 1,000년 전과 로마 시대에는 화석 연료도 사용하지 않았고 대기 이산화탄소 농도도 280ppm 정도였다. 그런데 그때는 왜 그곳에 빙하가 없었고 숲이 있고 길이 있었나? 그 외에도 비슷한 사례가 계속 밝혀지고 있다.[18, 19, 20] 인간의 화석 연료 사용이 지구 온난화의 원인이 아님을 다시 한번 입증해주는 반박 불가 증거들이다.

명탐정 셜록 홈즈(Sherlock Holmes)는 "아직 데이터가 없다. 데이터가 있기 전에 이론을 세우는 것은 심각한 실수다. 그러다 보면 무의식적으로 사실에 맞는 이론 대신 이론에 맞게 사실을 왜곡하기 시작한다"라고 말했다. 지구가 따뜻해지고 대기 이산화탄소가 증가하는 현상은 녹색주의자들에게 산업자본주의를 공격할 수 있는 좋은 무기를 제공하였지만 실제로 지구에서 관측되는 데이터는 자신들의 이론과 다르다. 그들의 왜곡된 이론으로 인해 지금 세계 인류가 당하는 사회경제적 피해는 심각하다. 극소수의 배를 불리기 위해 수십억이 고통당하고 있다.

제18장
탄소 중립과 재생에너지

오늘날의 기후 위기론은 지난 1970년대에 있었던 인구 과잉, 식량 부족, 자원 고갈, 환경 오염, 지구 냉각화 등과는 매우 다른 특징이 있다. 슈퍼컴퓨터로 기후 대재앙을 예측하고 재생에너지로 탄소 중립을 하면 막을 수 있다고 한다. 다시 말하면 세계인에게 대재앙 공포감을 주고 동시에 해법도 내놓고 있다는 사실이 과거와는 다른 점이다. 하지만 그 해법은 심각한 문명과 자연 파괴로 이어지고 있다.

코로나 락다운도 무효과

지난 30여 년 동안 녹색주의자들의 기후 선동으로 인해 서방 국가들은 재생에너지 확대 정책을 해왔다. 하지만 그 정책은 아무런 쓸모없고 참담한 결과만 초래했다. 특히 그들이 예측한 기후 대재앙은 존재하지도 않는 가상의 공포에 불과함이 관측 데이터로 입증됐다. 1990년 이후 지금까지 유럽과 미국을 중심으로 1인당 이산화탄소 배출량을 30~50% 줄였지만 대기 농도는 계속 증가하고 있다. 더구나 지난 2020년 세계적인 코로나 락다운으로 인간에 의한 이산화탄소 배출량에 10~15% 감축이 있었지만, 지구 대기에는 어떤 반응도 없었다.[1] 이는 대기 이산화탄소의 대부분은 자연계 물질 순환과 해수면 용해도에 의해 결정되고 인간의 기여는 극소량이기 때문이다. 게다가 매년 약 8천만 명의 세계 인구 증가와 발전하는 인류 문명은 이산화탄소 배출 증가를 동반할 수밖에 없다.

이처럼 참담한 결과에도 불구하고 녹색주의자들은 재생에너지가 친환경적이고 저렴하며 지구를 살릴 수 있다고 한다. 그들은 재생에너지가 햇빛과 바람에서 얻는 공짜 에너지라고도 한다. 이는 명백한 거짓말이다. 그 에너지를 얻기 위해 넓은 토지가 필요하고 값비싼 시설이 요구된다. 그들 계산대로 하면 화석 연료도 공짜다. 화석 연료는 수억 년 동안 주인 없이 땅속에 버려진 태양에너지다. 단지 지금의 땅 주인이 소유권을 가지고 있고 채굴 시설이 필요할 뿐이다. 또 주인 없는 공유지에 화석 연료가 매장된 경우도 많다. 태양광과 풍력이 그렇게 저렴하고 공짜라면, 왜 보조금이 필요하나?

만약 태양광과 풍력발전에 경제적 타당성이 있다면, 이것들을 제작, 판매, 설치하기 위해 이미 수많은 민간 기업들이 우후죽순처럼 생겨났을 것이다. 이런 일이 일어나지 않았기 때문에 화석 연료를 사용하면 기후 대재앙을 불러온다고 선동하는 것이다. 그리고 선동에 놀아난 정치인들은 에너지 소비자에게 기후환경요금을 부과하고 그 돈을 태양광과 풍력발전 업자에게 보조금으로 주고 있다. 이는 정치인들이 자신에게 표를 준 유권자에게 범하는 사기극이다. 그 사기극을 사주한 자들이 녹색주의자들이다.

녹색주의자들은 보조금에 대한 변명으로 또 다른 거짓말을 하고 있다. 그들은 지금 마중물을 붓게 되면 미래에는 재생에너지 기술 발달로 생산 비용이 떨어져 보조금이 필요 없게 될 것이라고 한다. 하지만 이는 지금까지 확인된 사실만으로도 명백한 거짓말이다. 그들은 또 "돌이 없어서 석기 시대가 끝난 것이 아니다"라며 화석 연료가 남아 있지만, 재생에너지 시대가 온다며 그럴듯하게 설득한다. 이는 관점을 흐리게 하는 궤변이다. 석기 시대가 끝난 것은 청동기라는 당시로는 획기적인 기술의 등장에 의한 것이지 돌의 유무와는 상관없다. 재생에너지는 석기 시대를 끝낸 청동기와 같은 기술이 될 수 없음이 분명하게 밝혀졌다.

실패한 태양광과 풍력발전

태양광과 풍력발전 실험은 완전히 실패했다. 재생에너지는 지난 30년간 보조금을 받으며 버텨왔다. 이제는 그만둘 때다. 세계 어느 국가도 재생에너지로 현대 문명을 지속할 수 없었다. 그래서 화석 연료 사용은 꾸준히 증가해왔다. 재생에너지는 대체에너지가 아니라 보조에너지일 뿐이다. 하지만 녹색주의자들은 자신들의 말을 믿으라고 한다. 그 말을 믿고 열심히 재생에너지 확대 정책을 추진했던 서방 국가들은 지금 경제적 몰락을 향해 가고 있다.

미국이 세계 GDP에서 차지하는 비중이 지난 30여 년 동안 32%에서 20% 아래로 떨어졌다. 또 유럽연합은 28%에서 15% 미만으로 약 반으로 줄었다. 영국은 약 4%에서 3.2%로 떨어졌다. 반면에 녹색주의자들의 말을 무시한 중국과 인도의 세계 GDP 비중은 각각 2%에서 약 18%로 9배나, 약 1.1%에서 3.3%로 거의 3배나 증가했다.[2] 지금 미국의 에너지 비용이 인도나 중국보다 3배나 비싸게, 유럽의 에너지는 인도나 중국보다 4배나 비싸게 됐다. 그래서 제철, 알루미늄, 유리 제조와 같은 에너지 집약적인 산업의 기업들은 에너지 가격이 비싼 서방 국가에 있는 공장들을 폐쇄하고 중국이나 인도같이 에너지 가격이 저렴한 국가들로 이전했다.

재생에너지의 본질적 취약성

녹색주의자들은 태양광과 풍력발전이 이산화탄소 배출이 전혀 없는 전기를 제공한다고 주장한다. 하지만 그들은 항상 일정한 전력 공급을 보장할 수 없는 값비싼 에너지란 것을 속이고 있다. 그들은 태양광과 풍력발전의 본질적 취약점인 에너지 밀도의 희박성(Diluteness), 발전 시간의 간헐성(Intermittency), 그리고 지리적 원격성(Remoteness)을 무시하기 때문이다. 이산화탄소 배출이 전혀 없는 에너지가 아니라 많은 자재와 넓은 토지가 필요하고, 보조 발전소(Back-up Plant)와 배터리를 추가로 설치해야 한다. 또 생산지에서 소비지까지 전기를 운반하기 위해 새로운 장거리 송전선이 있어야 한다. 여기에는 당연히 많은 양의 이산화탄소 배출과 높은 에너지 가격이 수반될 수밖에 없다.

미국 지질 조사국(U.S. Geological Survey)에 따르면 5메가와트(약 2,000가구에 필요한 전력을 공급할 수 있는 용량)의 대형 풍력 터빈은 적어도 강철 500톤, 콘크리트 2,000톤, 유리섬유 30톤, 구리 15톤, 주철 20톤을 필요로 한다.[3] 이러한 자재들을 제조하는 과정에는 240톤이 넘는 이산화탄소가 배출되는 것으로 산출됐다. 태양광과 풍력발전 시설은 석탄 발전 시설보다 철, 콘크리트, 구리 등이 10배나 더 많은 광산 채굴 재료가 필요하다.[4] 또 태양광과 풍력발전 시설에는 희토류라는 광물질도 들어간다. 희토류는 토양에 희박하게 존재한다는 의미에서 붙여진 이름으로 이를 생산하기 위해서는 많은 양의 토양 채굴이 필요하다. 그래서 희토류 생산에는 다른 광물질에 비해 심한 자연 파괴가 일어나고 많은 양의 광미(Tailing Waste, 광산 찌꺼기)를 배출하게 된다.

발전 시간의 간헐성은 또 다른 문제를 야기한다. 풍속이 약 13km/h에 미치지 못할 때를 대비하여 전력 생산을 위한 전통적인 화석 연료 보조 발전소가 필요하다. 또 풍속이 약 88mph 이상일 때도 터빈 손상을 막기 위해 회전이 차단되므로 보조 발전이 필요하다. 태양광 발전도 흐린 날씨나 밤을 대비해서 보조 발전은 당연히 필수다.

그뿐만 아니라 재생에너지는 넓은 땅을 필요로 한다. 미국의 한 연구에 따르면 2050년 예상되는 에너지 사용량의 절반을 풍력으로부터 공급하고 3분의 1을 태양으로부터 공급하려면 풍력 단지와 발전 설비로 544,000km², 태양광에 추가로 39,000km²가 필요하다.[5] 이는 미국 전체 국토의 약 7.5%를 풍력과 태양광 발전에 사용하는 것과 같다.

태양광 패널과 풍력 터빈의 환경 문제

태양광 패널의 설치와 송전을 위해서는 골재 및 파쇄석(콘크리트용), 조장석(Albite, 태양 전지), 비소(갈륨비소 반도체 칩), 보크사이트(Bauxite, 알루미늄 원광석), 붕소(Boron, 유리), 카드뮴(박막 태양 전지), 점토 및 이판암(시멘트용), 석탄(강철, 시멘트 및 부품 제조), 구리(배선), 갈륨(태양 전지), 인듐(Indium, 태양 전지), 철광석(강철), 납(배터리), 석회석(배터리, 시멘트), 리튬(배터리), 망간(강철), 몰리브덴(강철), 석유(플라스틱, 페인트, 운송, 유지 보수), 인광석(인), 셀레늄(태양 전지), 실리카(태양 전지), 은(태양 전지), 소다(태양 전지), 텔루륨(태양 전지), 아연(도금) 등이 필요하다. 사용 후 재활용이 불가능하기 때문에 폐기 처분해야 하며 그 속에는 태워도 사라지지 않는 독성 중금속이 들어있다. 이 증거는 재생에너지가 깨끗하고 지속가능하다는 주장이 허구임을 폭로한다. 재생에너지는 다량의 천연 자원을 필요로 하고 유해한 폐기물을 배출하며 광범위한 환경 파괴와 오염을 유발하는 것이 사실이다. 이는 기술 발전으로 극복될 수가 없는 본질적이고 항구적인 문제이다.

풍력 터빈에는 타워, 나셀(Nacelle), 그리고 블레이드가 있다. 나셀에는 발전기, 기어박스, 로터 샤프트, 브레이크 어셈블리 등이 들어있고, 바람이 부는 곳에서 전력 생산이 일어나기 때문에 화재 위험성이 높다. 일단 화재가 발생하면 고도가 높아 소방 장비 접근이 어렵다. 지금까지 풍력발전기 화재를 즉시 진화한 사례는 없다. 더 큰 문제는 풍력 발전이 매년 수백만 마리 새와 박쥐의 사망 원인이 되고 있다는 점이다. 특히 박쥐는 한 마리가 한 시간에 500~1,000마리의 모기와 기타 곤충을 잡아먹을 수 있어 모기와 농작물에 피해를 주는 곤충 개체군을 억제하는 중요한 역할을 하며 다음과 같은 연구 결과도 있다. "매년 많은 수의 '철새 박쥐'가 풍력발전 시설에서 죽어가고 있다. 추정에 따르면 박쥐의 수는 향후 50년 동안 최대 90%까지 감소할 수 있다. 풍력발전 확대가 북미의 '철새 박쥐'에게 상당한 위험을 초래할 수 있음을 시사한다."[6]

　풍력 터빈에서 발생하는 저주파 소음은 야생동물과 가축의 심각한 피해를 주고 있으며 인체에도 다음과 같은 영향을 미치는 것으로 나타났다.[7] "보고된 영향은 이명(내이), 현기증, 불균형 등; 참을 수 없는 느낌, 무력감, 방향감 상실, 메스꺼움, 구토, 장 경련; 심장과 같은 내부 장기의 공명 등이 있다. 초저주파 불가청음(Infrasound)은 수면 패턴에도 미세하게 영향을 미치는 것으로 관찰됐다." 해상 풍력의 경우 저주파 소음은 고래의 초음파 통신 시스템에 영향을 미쳐 주요한 사망 원인 되고 있다.[8]

　화석 연료에서 나오는 이산화탄소 배출량 감축을 명분으로 시작된 재생에너지는 가장 강력한 온실가스를 대량으로 방출하는 아이러니한 결과를 초래했다.[9] 이산화탄소보다 25,000배 더 강력하고 대기 중에서 난분해성이라서 1,000년 동안 지속되는 육불화황(Sulphur Hexafluoride)을 배출한다는 사실이 밝혀졌다. 이산화탄소는 대기 중에서 5~7년 동안 지속된다. 육불화황은 풍력 터빈, 태양광 패널 및 전기 스위칭 장비를 만드는 데 사용된다.

풍력 터빈의 유지 관리가 잘 이루어진다면 사용 연한은 15년 정도이고 태양광 패널은 20~25년이다. 반면에 천연가스 발전소와 석탄발전소의 사용 연한은 각각 30년과 50년 이상이다. 따라서 기존의 화석 연료로 생산하고 있는 전력과 같은 양을 풍력으로 대체하기 위해서는 거대한 흉물로 엄청난 면적의 땅을 뒤덮어야 할 뿐 아니라 막대한 비용을 들여 그것들을 교체하면 다량의 유해 폐기물이 발생한다. 태양광 패널도 마찬가지다.

태양광 패널과 풍력 터빈과 같은 시설을 설치할 때 금속, 콘크리트, 금속, 플라스틱, 희토류 원소 등을 사용한다. 이러한 원자재를 생산하는 과정에서 막대한 오염이 발생하며, 재생에너지로 줄일 수 있는 탄소 배출량보다 더 많은 이산화탄소가 대기 중으로 배출된다. 그리고 플라스틱은 화석 연료로 만들어진다. 풍력 및 태양광 발전기를 제조, 운송, 건설에 사용되는 에너지는 해당 발전기들의 내구연한 동안 생산할 수 있는 에너지보다 훨씬 더 많다.[10]

모든 인류는 거대한 사기극의 희생자

안토니우 구테흐스 유엔 사무총장은 2022년 IPCC 총회에서

"불타는 지구를 멈추고 우리 주변에 넘쳐나는 재생에너지에 투자할 시간이다"라고 말했다. 지금까지 한 기후 망언을 보면 그는 심한 화석 연료 혐오증에 걸려 있고 이산화탄소가 지구를 불덩어리로 만든다는 확신에 차 있는 것 같다. 하지만 그의 말은 틀렸다. 지구가 불타지도 않고 재생에너지가 넘쳐나지도 않는다. 단지 그의 과학적 지식이 심하게 부족하고 저의가 의심스러울 뿐이다.

미래 세대는 우리가 완전히 쓸모없는 풍력 터빈과 태양광 패널을 설치했으며, 지구를 구한다고 하면서 오히려 파괴한 이유에 관해 의아해할 것이다. 산천초목을 수백만 개의 유독성 태양광 패널과 풍력 터빈으로 덮고 원자재 채굴과 생산 공정에서 발생하는 유해물질로 토양과 물을 오염시키는 등 이른바 "녹색에너지 전환"은 전혀 친환경적이지 않다. 박쥐와 새떼를 무참히 산산조각 내버리고 저주파 소음으로 야생동물을 해치고 연안 생태계를 교란하고 있다. 녹색주의자들은 인류 문명뿐만 아니라 자연 생태계마저 무참히 파괴하고 있다.

모든 인류는 기후 위기와 탄소 중립이라는 거대한 사기극의 희생자다. 유일한 수혜자는 태양광 패널과 풍력 터빈 공급자들과 관련 기생충들이다. 기후 위기는 존재하지 않을 뿐만 아니라 탄소 중립은 과학적으로 터무니없고 기술적으로 실현 불가능하다. 더구나 탄소 중립은 경제적으로 감당할 수 없고 사회적으로도 받아들일 수 없다.

대기에 증가하는 이산화탄소는 지구의 기후에 어떤 영향도 줄 수 없고 지구를 더욱 푸르게 하고 식량 증산을 도울 뿐이다. 우리의 지구는 더 많은 인류가 태어나 자유롭고 풍요롭게 살 수 있도록 완벽하게 설계되었으며 화석 연료는 현대 문명을 위해 수억 년 전에 준비해둔 신의 선물이다. 2022년 노벨물리학상 수상자 존 클라우저(John Clauser) 박사는 "지구의 기온은 이산화탄소가 아닌 구름이 조절한다"라는 연구 결과를 발표하면서 "화석 연료는 완벽하게 사용하기 좋은 에너지다"라고 분명하게 말했다.[11]

[에필로그]
내 인생과 녹색주의자

나의 어린 시절에는 태양에너지로 대지의 농작물이 자랐고 가축들은 풀과 농작물 찌꺼기를 먹었다. 농지 관개와 축산을 위해 풍력으로 물을 퍼 올렸다. 닭은 부엌에서 나오는 음식 찌꺼기들을 먹고 살았으며 우리 가정에 계란을 제공했다. 때로는 알을 낳지 않기도 했다. 식단을 위해서 채소밭이 따로 필요했다. 제2차 세계대전 후 넉넉하지 않은 시기에 수확량이 많은 농작물은 이웃과 나누거나 서로 바꾸었다.

나는 과거로 돌아가기 싫다

그때는 우리보다 훨씬 어려운 가정들이 많았다. 양을 키우면서 긴 낫을 들고 잔디를 깎았다. 텃밭과 과수원은 철 따라 생산되는 먹거리를 제공했으며, 쓰레기가 텃밭의 거름으로 사용됐다. 농장의 가축들은 일을 하든 안 하든 먹여야 했으며, 토끼는 훌륭한 단백질 공급원이었고, 가죽을 판매하여 약간의 가욋돈을 벌 수도 있었다. 홍수, 가뭄, 폭염, 또는 화재가 발생하더라도, 사람들은 정부나 산업 문명을 탓하지 않았다. 우리는 그냥 적응하며 살았다.

녹색주의자들은 지금의 세계인들이 이 "지속가능한" 삶으로 돌아가서 "재생 가능한" 에너지를 사용하기를 원한다. 나는 그렇게 하지 않을 것이다. 나는 이미 충분히 나이가 들어 반은 농촌인 환경에서 "녹색주의자들이 좋다는 세월"을 살아왔다. 그 세월은 그렇게 오래전도 아니다. 모든 면에서 오늘날의 세상이 "녹색주의자들이 강요하는 그 세월"보다 훨씬 좋다.

우리가 건강에 좋은 음식을 선택할 수 있다는 것은 정말 행운이다. 하지만, 정작 이것은 운이 좋아서 된 것이 아니다. 우리가 좋은 먹거리를 접할 수 있다는 것은 수천 년에 걸쳐 내려온 농업, 성공과 실패를 통한 시행착오, 유전학, 기술 혁신, 기계화, 국제 교류 등을 통한 노력에서 비롯되었다. 우리는 평생을 걸쳐 이룩해놓은 업적과 그 결과를 누릴 수 있게 해준 우리의 앞선 세대들에게 빚을 지고 있다.

지금 우리에게는 건강에 좋다는 육류 단백질을 먹지 않고 채식주의자나 비건이 되기로 결심할 정도로 좋은 음식이 많다. 안타깝게도 전 세계 많은 사람은 이러한 풍요로움을 누릴 수 없다. 나도 과거에는 그랬었다. 다른 것은 없었기 때문에 주어지는 음식만 먹어야 했다.

녹색주의자는 이율배반적이다

지구를 살린다는 이유로 비행기 타는 사람들을 수치스럽게 만드는 녹색주의자들은 똥바가지를 뒤집어씌워야 한다. 만약 그들이 그런 것이 싫다면 자신들이 사용하는 물건이나 의약품이 항공으로 운송된 것이 하나도 없다는 것을 증명해야 한다. 국제 항공 화물 운송 덕분에 우리는 필요할 때 의약품을 구할 수 있게 된 것이다.

암 치료 중인 그 어떤 녹색주의자라도 핵발전에 반대하느냐고 묻는다면 아마 그들은 "그렇다"라고 대답할 것이다. 하지만 자신의 암을 치료하는 핵의학은 반대하지 않을 것이다. 종양을 찾는 PET(양전자 방출 단층촬영) 검사와 방사선 치료는 핵을 이용하는 의학이다. 핵발전과 핵의학은 모두 과학기술의 발전을 통한 인류의 위대한 업적이다. 앞선 세대들은 이렇게 세상을 더 좋은 곳으로 만들었다.

서방 국가에서는 더 이상 사람을 향해 총을 쏘지 않고, 이제는 무장한 고속도로 강도 같은 것도 없다. 소규모 군대의 호위를 받으며 마을에서 마을로 여행할 필요가 없어졌다. 병에 걸려도 현대 의학으로 치료받고 수명을 연장할 수 있다. 이제는 우리가 먹을 식량을 재배하기 위해 밭에서 힘들게 일할 필요가 없어졌다. 내가 아는 사람들은 모두 글을 읽고 쓸 수 있다. 비행기와 자동차를 이용하여 여행할 수 있으며, 전 세계와 교신할 수 있다.

인터넷, 소셜 미디어 및 휴대전화는 이전 세대에는 없었던

경이로운 발명품이다. 일부 사람들은 삶 전체가 인터넷을 중심으로 돌아간다고 생각하기 때문에 인터넷이 끊긴 상황을 매우 힘들어한다. 현재 인터넷이 전 세계 전력의 약 10%를 소비하는 것으로 알려져 있다. 그래도 많은 인터넷 중독 세대들이 기후 위기와 탄소 중립 "시위"를 벌이고 있다.

나는 재활용 마니아였다

내가 어릴 적에는 플라스틱이 없었다. 종이봉투를 여러 번 사용했고 학교 급식에 사용된 종이봉투는 버리지 않았다. 대부분 소비재는 포장하지 않았고 남은 끈, 판지, 종이, 리본, 단추, 병, 항아리, 주석 캔, 볼트, 나사, 로프, 체인, 케이블, 못, 나무 등은 나중에 필요할 경우를 대비하여 모두 보관했다. 쓰레기 문제는 저절로 해결되어 수거할 필요가 없었다.

지금은 이것을 재활용이라 부른다. 재활용업자들은 더 많은 운송과 에너지를 사용하고, 끝내는 그것들을 쓰레기 매립장으로 갖다 버리고 있으면서도 오늘날 도덕적으로 높이 평가받고 있다. 나는 죽으면 천국의 맨 앞자리에 앉을 수 있을 정도로 어린 시절에 재활용을 많이 했다. 오래된 습관은 쉽게 사라지지 않는다. 오늘날 세상의 관점으로 본다면 나는 물건을 수집하는 취미를 가진 사람이거나 착한 재활용 마니아다.

어렸을 때는 사람들이 어디든 걸어 다녔기 때문에 비만도 없었고 먹거리도 풍족하지 않았다. 정크 푸드도 없었다. 달리 먹을 것이 없었기 때문에 오늘날에는 건강식품이라고 할 만한 것들을 먹었다. 우리는 바구니를 들고 마을 상점에, 학교, 기차역, 교회, 그리고 친구들이 있는 곳으로 걸어 다녔다. 나중에서야 더 빨리 더 먼 거리로 여행할 수 있는 옛날식 자전거를 갖게 됐다.

이러한 이야기들은 풍요만을 경험해본 일부 녹색주의자들에게는 낭만적으로 들릴 수도 있다. 하지만 낭만적인 것이 아니었다. 우리는 석탄에서 생산되는 값싸고 풍부한 에너지 덕분에 이 검소한 삶에서 벗어날 수 있었다. 어떤 사람들은 도시가스를 사용했다. 이것은 코크스 석탄을 가열하여 잔여물을 남기고 가스를 생산하는 도시가스 시설을 통해 공급됐다.

옛날이 좋았다고 하지 마라

1950년대에 와서 에너지 혁명이 일어났다. 지하 탄광의 작업 상황이 좋아지면서 석탄 광부들의 파업이 줄어들었고 새로운 석탄발전소가 건설됐다. 석탄발전으로 생산된 전기는 값싸고 풍부하며 신뢰할 수 있는 에너지였다. 휘발유와 경유 가격은 더 싸졌고 일반 가정도 고물 중고차를 살 수 있게 됐다.

전기는 난방, 조리 및 냉장에 사용될 수 있었고 잔디는 기계로 깎을 수 있게 되었다. 더 많은 여가 시간이 생겼고 여행을 통해 새로운 자연 풍경과 문화를 맛볼 수 있었다. 일반 가정에도 수돗물이 공급되고 하수 처리 시스템이 연결된 것은 놀라운 발전이었다.

의사를 찾는 일은 거의 없었다. 아주 심하게 아플 때만 의사를 찾았고, 그럴 때도 의사는 차를 타고 우리를 찾아왔다. 의사

차는 도로에 있는 몇 안 되는 차 중 하나였다. 의료보험이 없었기 때문에 아프면 많은 돈이 들었다. 아파서 일을 못하면 급여도 받지 못했다. 전 세계 대부분의 사람들은 아직도 이렇게 살고 있다.

내가 지금의 풍요로운 삶을 누리기까지 반세기밖에 걸리지 않았다. 이는 저렴한 에너지 공급 덕분이다. 가축과 사람의 힘으로 이루어지던 일을 석탄발전에서 나온 동력이 대신해주기 때문이다. 만약 녹색주의자들이 화석 연료 채굴과 사용을 반대한다면 자신들이 누리는 현대 문명을 포기하고 산이나 무인도로 가야 한다. 그렇지 않으면 그들은 위선자다.

옛날에는 생존을 위해 식량을 생산하거나 공장에서 하루 동안 일만 했다. 이제 우리는 즐기는 일을 하며 자유로운 시간을 보낼 수 있게 됐다. 이제 개인의 자산을 소유하게 되었고 훨씬 부유해졌다. 그래서 스포츠 경기, 음악회, 식당을 갈 수 있는 여유가 생겼다. 이제 우리는 환경을 돌볼 수 있는 여유도 생겼다.

"옛날이 좋았다"라고 하지 마라. 옛날은 좋은 시절이 아니었다. 내게 다시 옛날로 돌아가 검약한 "지속가능한" 삶을 살아야 한다는 녹색주의자가 있으면 나는 똥바가지를 뒤집어씌울 것이다. 나는 나의 어린 시절에 내가 해야 할 몫을 다 했지만 그렇게 했다고 해서 기후는 그때나 지금이나 변하지 않았다.

녹색주의자들은 풍요로운 현대 문명을 증오하고 인간을 악마화하며, 세상 사람들에게 생활방식을 바꾸기를 원하면서도 자신들은 지금의 생활방식을 누리기를 원하고 있다. 우리는 그

녹색주의 비판론

렇게 할 수 없다. 이른바 녹색 문명이라는 위선적이고 낭만적인 삶을 원하는 녹색주의자들 스스로가 그렇게 하는 것은 나는 너무 적극적으로 환영한다.

녹색주의자들은 문명사회를 떠나라

녹색주의자들은 "내가 하는 대로 해라"가 아니라 "내가 말하는 대로 해라"라고 하는 경향이 지나치게 강하다. 그러면서도 현대적 삶의 모든 혜택은 그대로 누리면서도 우리의 자유와 재산은 박탈하려고 한다. 그러한 삶에 대해 전혀 알지도 못하고 경험도 없는 도시에 기반을 두고 있는 녹색주의자들이 내가 살아왔던 "지속가능한" 삶을 살 수 있을지 의문이다.

만약 녹색주의자들이 "지속가능성"과 "재생에너지"를 원한다면, 자신들이 그 비용을 지불해야 한다. 도심 녹지대의 공원이나 옥상에는 왜 거대한 풍력 터빈이 없을까? 도시의 해변이나 강변을 따라 200m 높이의 풍력 터빈은 없나? 녹색주의자들은 왜 도시를 떠나지 않나? 녹색주의자들은 왜 화석 연료 트럭이 도시로 운반하는 식품을 먹는 것을 중단하지 않나?

대다수의 녹색주의자들은 "유기농" 식품이라면 무엇이든 좋아한다. 왜 그들은 화석 연료로 가동되는 기계로 경작하고, 씨를 뿌리고, 잡초를 뽑고, 수확하고, 분류하고, 그들에게 운반되는 먹거리를 먹고 있나? 나는 녹색주의자들의 거짓과 위선, 무지와 후진성에 대해 끊임없이 이야기할 수 있다.

녹색주의자들이 악천후 속에서 5일 연속 사냥에 실패하여 먹을 것도 구하지 못하고 동굴 입구에 서서 그들의 "지속가능한 삶"의 혜택에 관해 이야기하면, 나는 그저 그들의 말을 듣기만 할 것이다. 내가 녹색주의에 앞장선 주요 인물이 화석 연료나 원자력 발전과는 전혀 무관한 산속이나 무인도에서 살아가는 것을 보기 전까지는, 그들은 신뢰할 수 없는 사악한 위선자다.

녹색주의자들은 당연히 도의상 어떤 형태의 사회복지도 받지 못하게 해야 한다. 왜냐하면 국가 재정은 그들이 혐오하는 화석 연료를 기반으로 하는 경제에서 비롯되기 때문이다. 녹색주의자들은 제발 문명사회를 떠나 산속이나 무인도에서 그들이 원하는 지속가능한 삶을 살아가길 바란다. 나는 앞선 세대가 힘들게 만들어준 안락한 삶을 누리겠다. 만약 내가 그들의 지속가능한 삶에 관해 궁금한 것이 있다면 산속이나 무인도로 찾아가겠다. 그때까지는 내 눈앞에서 사라져주길 바란다.

녹색주의자들이 동굴에서 잠자며 토종 풀 씨앗이나 수확하고 병에 걸려도 치료받지 않으며 나와는 멀리 떨어진 숲속 어딘가에서 살아간다면, 나는 너무 행복할 것 같다.

호주에서
이안 플리머

　　　　　　　　　　　녹색주의 비판론

참고 문헌 및 주석

1부 - 1장

1   Bailey, R. and Tupy, M. L., 2020: Ten global trends every smart person should know and many others you will find interesting. Cato Institute.

2   Monaro, Marc, Arnold Schwarzenegger on global warming 'deniers': 'Strap some conservative-thinking people to a tailpipe for an hour and then they will agree it's a pollutant!'" Climate Depot, August 14th, 2013

3   Delingpole, J., 2017: Climate change deniers should be executed gently says Eric Idle
www.breitbart.com/big-hollywood/2017/03/17/

4   Birdnow, T., 2012: Professor Calls for Death Penalty for Climate Change 'Deniers'
www.americanthinker.com/articles/2012/12/

5   Zolfagharifard, E, 2014: Are YOU a 'global warming Nazi'? People who label sceptics 'deniers' will kill more people than the Holocaust, claims scientist
www.dailymail.co.uk/sciencetech/article-2566659

1부 - 2장

1   Timing of Atmospheric CO2 and Antarctic Temperature Changes Across Termination III
    https://www.science.org/doi/abs/10.1126/science.1078758

2   패트릭 무어, 2021: 종말론적 환경주의: 보이지 않는 가짜 재앙과 위협, 박석순 역, 어문학사

3   Bailey, R. and Tupy, M., 2021: Ten global trends every smart person should know. Cato Institute

4   그레고리 라이스트스톤, 2021: 불편한 사실: 앨 고어가 몰랐던 지구의 기후과학, 박석순 역, 어문학사

5   https://en.wikipedia.org/wiki/West_Antarctic_Rift_System

6   Dilley, D., 2024: Rise in Carbon Dioxide 80% Natural Since 1850 - Based on Real Science instead of Political Science, https://www.youtube.com/watch?v=E-oYBFJmLnM

7   박석순, 2025: 트럼프는 왜 기후협약을 탈퇴했나? 미국의 새로운 기후에너지 정책, 세상바로보기

8   www.ourworldindata.org

9   The Wall Street Journal, 9th June 2021, China rolls back climate efforts after climate officials prioritise growth

10   Financial Times, 13th August 2021, China puts growth ahead of climate with surge in coal-powered power stations and steel mills

11   www.eurasiareview.com, 27th October 2020

12   www.iea.org, 20th April 2021, Global carbon dioxide emissions are set for their second-biggest increase in history

13   S&P Global: E & E News, 20th April 2021 US coal production set to rise, in blow to Biden's climate goals

14   www.sdg.iisd.org, 11th February 2020

15   Kane-Berman, J.: The Paris agreement: a costly and damaging failure? Politics Web 31. 31st January 2021

16   BP Annual Review of Energy 2019

1부 - 3장

1   Teleszewski, T. and Gladyszewska-Fiedoruk, K., 2019: The concentration of carbon dioxide in conference rooms: a simplified model and experimental verification. Internat. Journ. Envir. Sci. Technol. 16, 8-031-8040

2   Rodeheffer, C. et al., 2018:Accurate exposure to low-to-moderate carbon dioxide levels and submarine decision making. Aerosp. Med. Hum. Perform. 89, 520-525

3   Baldini, J. et al., 2006: Carbon dioxide sources, sinks and spatial variability in shallow temperate caves: Evidence from Ballynamintra Cave, Ireland. Journ Cave Karst Studies 68 (1), 4-11

4   Giacomo, G. et al., 2014: Measurements of soil carbon dioxide emissions from two maize agroecosystems at harvest under different tillage conditions. Scientif. World Journ Article 141345, doi.org/10.1155/2014/141345

5   www.co2science.org/education/reports/co2benefits/co2benefits.php

6   www.edition.cnn, 13th August 2021, Get used to surging food prices: Extreme weather is here to stay

7   Zaichun. Z. et al., 2016: Greening of the Earth and its drivers. Nature Climate Change 6, 791-795

8   Donahue, R. et al., 2013: CO2 fertilisation has increased maximum foliage cover across the globe's warm, arid environments. Geophysical Research Letters DOI:10.1002/grl.50563

9   www.judithcurry.com/2016/04/26/rise-in-co2-has-greened-planet-earth/#more-21465

10   Idso, S. and Kimball, B., 1993: Tree growth in carbon dioxide enriched air and its implications for global carbon cycling and maximum levels of atmospheric CO2.Global Biogeochemical Cycles 7 (3) 537-555

11   Saxe, H. et al., 1998: Tansley Review No. 98: Tree and forest functioning in an enriched CO2 atmosphere. The New Phytologist 139 (3) 395-436

12   Huang, B. et al., 2021: Predominant regional biophysical cooling from recent land cover changes over Europe. Nature Communications 11, Article 1066

13 Haverd, V. et al., 2020: Higher than expected CO2 fertilization inferred from leaf to global observations. Global Climate Change Biology 26 (4), 2390-2402

14 NASA Vegetation Index: Globe continues rapid greening trend, Sahara alone shrinks 700,000 sq km. Pierre Gosselin No Tricks Zone 24th February 2021

15 Charles, R., 2020: Global change ecologist leads NASA satellite study of rapid greening acrossArctic tundra. Watts Up With That, 23rd September

16 Piao, S. et al., 2019: Characteristics, drivers and feedbacks of global greening. Nature Reviews Earth & Environment 1, 14-27

17 Myers-Smith, I. et al., 2020: Complexity revealed in the greening of the Arctic. Nature Climate Change 10, 106-117

18 www.carbonbrief.org, 2nd August 2012: Carbon uptake has doubled over the last 50 years - but where is it going?

1부 - 4장

1 www.theguardian.com, 7th April 2015: Greenpeace activists boardArctic-bound oil rig

2 www.arctictoday.com, 30th April 2019: Greenpeace activists target Norwegian Arctic drilling rig

3 www.skepticalscience.com, Positives and negatives of global warming

4 Gasparrini, A. et al., 2015: Mortality risk attributable to high and low ambient temperature: a multicountry observational study. The Lancet 386, 9991, 369-375

5 Zhao, Q. et al., 2021: Global, regional and national burden of mortality associated with non-optimal ambient temperatures from 2000 to 2019: a three-stage modelling study. The Lancet 5(7), E415-E425

6 Laschewski, G. & Jendritzky, G., 2002: Effects of the thermal environment on human health: an investigation of 30 years of daily mortality from SW Germany. Climate Research 21: 91-103

7   Berko, J. et al., 2014: Deaths attributed to heat, cold, and other weather events in the United States, 2006-2010. National Health Statistics Reports 76: 1-16

8   Wu, W. et al., 2013: Temperature-mortality relationship in four subtropical Chinese cities: A time series study using a distributed lag non-linear mode. Sci. Tot. Envir. 449: 355-362

9   Egondi, T. et al., 2012: Time-series analysis of weather and mortality patterns in Nairobi's informal settlements. Glob. Health Action 5. Doi 10.3402/gha.v5i0

10 Douglas, A. S. et al., 1991: Seasonality of disease in Kuwait. Lancet 337: 1393-1397

11 Guo ,Y. et al., 2014: Global variation in the effects of ambient temperature on mortality: Asystematic evaluation. Epidemiology 25: 781-789

12 Vardoulakis, S. et al., 2014: Comparative assessment of the effects of climate change on heat- and cold-related mortality in the United Kingdom andAustralia. Environ. Health. Perspect. doi: 10.1289/eph.1307524

13 Falagas, M. E. et al., 2009: Seasonality of mortality: the September phenomenon in Mediterranean countries. Canad. Med. Assoc. Jour. 181: 484-486

14 Yi, W. & Chan, A. P., 2014: Effects of temperature on mortality in Hong Kong: a time series analysis. Internat. Jour. Biomet. 58: 1-10

15 www.databank.worldbank.org/data/databases.aspx

16 www.skepticalscience.com, 22nd May 2018

17 Ridley, M., 2010: The rational optimist. How prosperity evolves. Harper Collins

18 박석순, 2025: 트럼프는 왜 기후협약을 탈퇴했나? 미국의 새로운 기후에너지 정책, 세상바로보기

19 www.cfact.org/2020/08/01/watching-co2-feed-the-world/

20 1893년 9월 28일 호주와 영국의 이상주의자들이 파라과이에 공산주의 유토

피아 정착촌(Colonia Nueva Australia)을 만들어 이주했다. 총 238명이 이주했으나 대부분 실망한 채 호주로 돌아왔다. 잔류한 8가구의 후손 약 2,000명이 지금도 파라과이에서 살아가고 있다.

2부 - 5장

1 https://britannica.com/place/United-Kingdom/Sports-and-recreation

2 Berger, P., 1972: The famine of 1682-1684 in France. University of Chicago

3 the-worlds-first-coal-fired-power-station
https://livinglondonhistory.com/the-holborn-viaduct

4 Power Engineering International, 13th January 2013

5 Mutezo, G. and Mulopo, J., 2021: A review of Africa's transition from fossil fuels to renewable energy using circular economy principles. Renew. Sust. Energy Reviews 137

6 www.data.unicef.org

7 Asia Times, 14th August 2921, Skyrocketing coal prices defy climate goals

8 The Daily Telegraph, 21th August 2021: The radical potential of nuclear fusion exposes the folly of our net zero deadline

9 BP-statistical-review-of-world-energy-2020-primary-energy-section
www.bp.com/content/dam/bp/pdf/Energy-economics/statistical-review-2020/

2부 - 6장

1 www.unicef.org, 18th February 2020

2 www.forbes.com, 11th January 2021

3 Alova, G. et al. 2021:Amachine-learning approach to predicting Africa's electricity mix based on planned power plants and their chances of success. Nature Energy 6, 158-166

4 잭 홀랜더, 2017: 환경과 빈부의 두 세계, 박석순 역, 어문학사

5 www.ourworldindata.org, 11th November 2019

6 www.forbes.com, 5th February 2013

7 www.skepticalscience.com

8 www.theguardian.com, 15th February 2020

9 Lomborg, B., 2020: False alarm: How climate change panic cost us trillions, hurts the poor and fails to fix the planet. Basic Books

2부 – 7장

1 박석순, 2025: 트럼프는 왜 기후협약을 탈퇴했나? 미국의 새로운 기후에너지 정책, 세상바로보기

2 Daily Express, 13th March 2021: Net Zero destroys UK jobs and offshore problem to mega polluter China

3 Clean Energy Wire, 29th May 2019

4 Energy Voice, 17th February 2021: India's coal use to surge as power demand is set to double

5 New Indian Express, 9th March 2021: Coal India approves 32 coal mining projects

6 Press Trust of India, 9th February 2021

7 www.coalindia.in, 15th June 2021

8 www.energy.economictimes.indiatimes.com, 5th May 2019

9 South African Development Community, www.sadc.int

10 The National, Business, 25th April 2015

2부 - 8장

1   www.OilPrice.com, 6th September 2021, India is running out of coal as energy demand sky rockets

2   New York Times, Nov. 19, 2024: China's Soaring Emissions Are Upending Climate Politics

3   www.carbonbrief.org, 24th March 2020

4   VOA News, Reuters, 3rd February 2021: Study: China's new coal power plant capacity in 2020 more than 3 times rest of the world's

5   www.eminetra.com.au, 27th April 2021, China doubles down on coal plants abroad despite carbon pledge at home

6   www.reuters.com, 13th January 2021

7   www.plattsinfo.platts.com

8   www.nsenergybusiness.com, 19th October 2020

9   Bloomberg, 16th March 2021: The world's three biggest coal users get ready to burn even more

10 www.reuters.com, 3rd March 2021

11 Wei, T. et al., 2021: Keeping track of greenhouse gas emission reduction progress and targets in 167 cities worldwide. Front. Sustain. Cities doi/org/10.3389/frsc.2021.696381

12 New York Times, Nov. 19, 2024: China's Soaring Emissions Are Upending Climate Politics

13 Financia lTimes, 5th March 2021: Build back faster: China targets 6% growth after reining in coronavirus

14 The New York Post, 15th March 2021: China's record of broken promises leaves no point in talking climate change

15 Nature Climate Change, 19th October 2020

16 The Hindu, 1st March 2021: India's percentage CO2 emissions rose faster than the world average

17 AFP, 5th March 2021: China's 5-year coal plan: Build back blacker

18   Nikkei Asia, 8th March 2021: China's addiction to coal clashes with carbon neutrality pledge

19   The Economic Times of India, 12th February 2021: Coal projected to be India's largest source of power in 2040

20   Time Magazine, 20th August 2021: China to build 43 new coal power plants

21   이지용, 2023: 중국의 초한전 새로운 전쟁의 도래, 에포크미디어코리아

22   Particulate matter with a diameter of 2.5 micrometres or less

23   Zhang, Q. et al., 2019: Drivers of improved PM2.5 air quality in China from 2013 to 2017. PNAS doi.org/10.1073/pnas.1907956116

24   www.reuters.com, 16th April 2021

25   www.feednavigator.com, 18th March 2021

26   www.cato.cato.org, 10th September 2020

27   www.bloomberg.com, 22nd April 2021

28   데이비드 크레이그, 2023: 기후 위기는 중국의 비밀 병기, 에포크타임스 https://www.epochtimes.kr/2023/05/647782.html

29   박석순, 2023: 기후 위기 허구론 - 대한민국은 기후 악당국인가?, 어문학사

30   https://en.wikipedia.org/wiki/Shanghai_Cooperation_Organisation

3부 – 9장

1   Randi, J., 1990: The mask of Nostradamus. The prophesies of the world's most famous seer. Charles Scribner's Sons

2   Randi, J., 1995: An encyclopedia of claims, frauds and hoaxes of the occult and supernatural. St Martin's Press

3   Wilson, I., 2001: Before the flood. Orion

4   John Gribbin and Stephen Plagemann, 1974: The Jupiter effect. Vintage

5   The Guardian, 28th September 2015

6 Popper, K., 1963: Conjectures and refutation: The growth of scientific knowledge. Routledge

7 Youngson, R., 1998: Scientific blunders and a brief history of how wrong scientists can sometimes be. Robinson

3부 - 10장

1 Malthus, T., 1798: An essay on the principle of population

2 Paddock, W. and Paddock, P., 1967: Famine 1975! America's decision: Who will survive? Little, Brown and Co

3 Ehrlich, P., 1968: The population bomb. Sierra Club/Ballantine Books

4 The New York Times, 23rd Nov. 1969: A Sterility Drug in Food Is Hinted.

5 The Redlands Daily Facts, 6th October 1970

6 The Living Wilderness, Spring 1970

7 www.aei.org, 21st April 2019: 18 spectacularly wrong predictions made around the time of first Earth Day in 1970, expect more this year

8 www.aei.org, 21st April 2019: 18 spectacularly wrong predictions made around the time of first Earth Day in 1970, expect more this year

9 World Grain News, 5th March 2021

10 Bailkey, R. & Tupy, M., 2020: Ten global trends every smart person should know and many others you will find interesting. CATO institute

11 Mendel, G., 1866: Versuche über Pflanzenhybriden. Verhandlungen des naturforschenden Vereines in Brünn, Bd. IV für das Jahr 1865, Abhandlungen, 3-47

12 www.healthyeating.sfgate.com/fortified-flour-1919.html

13 Klümper, W. and Qaim, M., 2014: A meta-analysis of the impacts of genetically modified crops. PLOS One 3rd November 2014 doi. org/10.1371/journal.pone.0111629

14 Yu, Q. et al., 2021: RNA demethylation increases the yield and bio-

녹색주의 비판론

mass od rice and potato plants in field trials. Nature Biotechnology doi.
org/10.1038/s41587-021-00982-9

15 Husain, A., 2002: Life expectancy in developing countries: A cross sec-
tional analysis. The Bangladesh Development Studies 28, 161-178

3부 - 11장

1 www.axwuotes.com, Top 20 quotes of Dave Forman

2 Chase, S., 1991: Defending the Earth: A Dialogue Between Murray Book-
chin and Dave Foreman. South End Press. p. 109. ISBN 0-89608-382-9

3 Evolution and Ethics: Thomas Henry Huxley (ed. Michael Ruse), 2009.
Princeton University Press

4 Fairfield Osborn, 1948: Our plundered planet. Faber and Faber

5 Ray, D., 1993: Environmental overkill: Whatever happened to common
sense? Regnery Gateway

6 www.eugenicsarchive.ca

7 Partington, J., 2003: H. G. Wells' eugenic thinking of the 1930s and
1940s. In: Utopian Studies, 74-81. Penn State University Press

8 www.diglib.amphilsoc.org

9 www.ncr.com

10 Carson, R., 1962: Silent spring. Houghton Miffin

11 Offit, P., 2017: Pandora's lab: Seven stories of science gone wrong. Na-
tional Geographic

12 Crichton, M., 2004: The state of fear. Harper Collins

13 World Economic Forum 25th July 2019: Forests in Europe are expand-
ing each year

14 Reiny, S.,"Carbon Dioxide Fertilization Greening Earth, Study Finds,"
NASA, March 27, 2019. https://www.nasa.gov/feature/goddard/2016/
carbon-dioxide-fertilization-greening-earth

15 www.un.org, World Fertility Report 2009

16 www.goodreads.com, 10th October 2015

17 The Moscow Times, 14th June 2021: Russia's population decline more than doubles in 2020

18 www.politifact.com, 29th July 2009

19 www.reddit.com, 19th February 2016

20 www.theeventchronicle.com, 30th March 2017: The unauthorised biography of David Rockefeller

21 www.dailystar.co.uk, 16th April 2020

22 www.quotefancy.com

3부 - 12장

1   Nuclear Energy and Fossil Fuels, 7th March 1956

2   www.thegwpf.com, 22nd April 2020

3   Bentley, R., 1972: Oil forecasts, past and present. Energy Exploration and Exploitation 20, 6, 481-492

4   Bardi, U., 2019: Peak oil, 20 years later: Failed prediction or useful insight? Energy Research and Social Science 48, 257-261

5   New York Times, 8th June, 2014: Morris A. Adelman Dies at 96; Saw Oil as Inexhaustible

6   Forbes, 4th December 2020

7   Gutierrez, M., 2002, Colorado School of Mines

8   Pearce, T., Feb 25, 2025: Trial Begins In $300M Suit That Threatens To Bankrupt Greenpeace, https://www.dailywire.com/news

9   www.reason.com, 4th February 2004

10 Meadows, D. et al., 1972: Limits to growth. Universe Books, 1972.

11 Meadows, D. et al., 2004: Limits to growth: The 30-year update. Chel-

sea Green Publishing

12 Sabin, P., 1980: Paul Ehrlich, Julian Simon and our gamble over Earth's future. Yale University Press

13 www.thesmithsonianmag.cm, 27th April 2016

14 www.climateandcapitalism.com, 10th May 2012

15 Time, 2nd February 1970

16 The New York Times, 19th November 1970

17 www.groovyhistory.com, 3rd July 2018

18 Naess, A., 1973: The shallow and the deep, long-range ecology move-ment. A summary". Inquiry. doi:10.1080/00201747308601682. S2CID 52207763

19 Molina, M. and Rowland. F., 1974: Stratospheric sink for chlorofluoro-methanes: chlorine-atomised destruction of ozone. Nature 249, 810-812

20 The Washington Post, 9th February 1992:The ozone catastrophe: warn-ing from the skies

21 www.aei.org, 21st April 2019: 18 spectacularly wrong predictions made around the time of first Earth Day in 1970, expect more this year

22 Nobelsville Ledger, 9th April 1980

23 Associated Press, 6th September 1990

24 www.defenders.org, 18th April 2003

25 The Wall Street Journal, Europe, 23rd July 2015

26 Simon, J., 1981: The Ultimate Resource, Princeton University Press

3부 - 13장

1 Bookchin, M., 1962: Our Synthetic Environment

2 박석순, 2018: 부국환경론: 부국환경이 우리의 미래다, 어문학사

3   The New York Times, 10th August 1969

4   www.americanactionforum.org, 7th May 2010

5   Audubon, May 1970

6   Boston Globe, 16th April 1970

7   www.gerardrennick.com.au

8   www.earth.columbia.edu

9   The Washington Post, 9th July 1971

10 Ehrlich, P. and Holdren, J., 1971: Global Ecology: Readings Towards a Rational Strategy for Man, Harcourt

11 www.johnlocke.org

12 Zharkova, V., Modern Grand Solar Minimum will lead to terrestrial cooling. Temperature 7(3) 217-222. 2020

13 www.skepticalscience.com

14 www.forums.tesla.com

15 CIA 1974 National Security Threat: Global Cooling/ExcessArctic Ice Causing Extreme Weather

16 Center for Strategic and International Studies Report, December 21, 2012

17 Time, 24th June 1974

18 Stephen Schneider, 1976: The Genesis Strategy: Climate and Global Survival, Springer

19 The New York Times Book Review, 16th July 1976

20 Rasool, S. and Schneider, S., 1971: Atmospheric carbon dioxide and aerosols. Effects of large increases on global climate. Science 173, 138-141

4부 - 14장

1 Los Angeles Times, 4th February 1989: 1988 was hottest year on record as global warming trend continues

2 https://x.com/1Nicdar/status/1882094291516109283

3 The New York Times, 18th September 1995

4 The Canberra Times, 26th September 1988: Threat to islands

5 www.maldives-magazine.com

6 Duvet, V. K. E., 2018: A global assessment of atoll island planform changes over the past decades. WIREs Climate Change 10 (1) doi.org/10.1002/wcc.557

7 Holdaway, A. et al., 2021: Global-scale changes in the area of atoll islands during the 21st Century. Anthropocene 33 doi.org/10.1016/j.ancene.2021.100282

8 Kench, P., et al., 2018: Patterns of island change and persistence offer alternate adaptation pathways for atoll nations, Nature Communications, https://www.nature.com/articles/s41467-018-02954-1

9 San Jose Mercury News, 30th June 1989

10 Margaret Thatcher - UN General Assembly Climate Change Speech (1989)
https://www.youtube.com/watch?v=VnAzoDtwCBg&t=36s

11 Statecraft: Strategies for a Changing World, Magaret Thatcher, Haper, 2002

12 https://co2coalition.org/news/nobel-laureate-dr-john-clauser

13 The Guardian, 29th July 1999

14 The Guardian, 29th January 1974

15 The Guardian, 22nd February 2004: Now the Pentagon tells Bush: climate change will destroy us

16 https://www.theguardian.com/world/2014/jan/03/antarctica-ice-trapped-academik-shokalskiy-climate-change

4부 - 15장

1   Statecraft: Strategies for a Changing World, Magaret Thatcher, Haper, 2002

2   박석순·데이비드 크레이그, 2023: 기후 종말론: 인류사 최대 사기극을 폭로한다, 어문학사

3   Ice Core Records of Atmospheric CO2 Around the Last Three Glacial Terminations
    https://www.science.org/doi/abs/10.1126/science.283.5408.1712

4   Timing of Atmospheric CO2 and Antarctic Temperature Changes Across Termination III
    https://www.science.org/doi/abs/10.1126/science.1078758

5   www.npr.org, December 15 2009: Al Gore slips on Arctic ice: Misstates scientist's forecast

6   https://en.wikipedia.org/wiki/An_Inconvenient_Sequel:_Truth_to_Power

7   www.dailytelegraph.com.au, 16th July 2017

8   www.worldpropertyjournal.com, 13th May 2010

9   www.forbes.com, 3rd November 2013

10   www.ff.org, 29th January 2017

11   www.abcnews.go.com, 27th February 2007

12   www.protectingtaxpayers.org, 4th August 2017

13   www.epw.senate.gov, 21st March 2007

14   www.vaticannews.va, 4th July 2018

15   Swaim, B., Jan. 27, 2025: Why Climate-Change Ideology Is Dying, Wall Street Journal, https://www.wsj.com/opinion/climate-ideology-is-dying

4부 - 16장

1   www.m.economictimes.com, 9th July 2009

2 The Independent, 9th July 2009

3 www.bbc.com, 24th July 2019

4 The Huffington Post, 16th October 2009

5 www.nbc.news.com, Democratic debate transcript, 20th November 2019

6 Fox Nation, 23rd May 2014

7 Lovelock, J., 2007: Revenge of Gaia: Why The Earth Is Fighting Back, Penguin Books

8 Gardian, 1st, Mar. 2008: James Lovelock: 'Enjoy life while you can: in 20 years global warming will hit the fan'

9 Daily Mail, 23rd, April 2012: 'I made a mistake': Gaia theory scientist James Lovelock admits he was 'alarmist' about the impact of climate change

4부 - 17장

1 www.bas.ac.uk, 11th July 2011

2 Iverson, N. et al., 2017: The first physical evidence of subglacial volcanism under the West Antarctic Ice Sheet. Scientific Reports Article 11457

3 Van Wyk de Vries, M. et al., 2017: A new volcanic province: An inventory of subglacial volcanoes in West Antarctica. Geol. Soc. Lond. Special Pubs 461(1) doi.10.1144/SP461.7

4 Zwally, H. et al., 2015: Mass gains of the Antarctic ice sheet exceed losses, Journal of Glaciology, Vol. 61, No. 230, doi: 10.3189/2015JoG15J071

5 Andreasen, J. et al., 2023: Change in Antarctic ice shelf area from 2009 to 2019, The Cryosphere, 2023, https://doi.org/10.5194/tc-17-2059-2023

6 Guardian, 23rd, Feb. 2011: Coral reefs report warns of mass loss threat https://www.theguardian.com/environment

7 Australian Institute of Marine Science, 2024: New report on Great Barrier Reef shows coral cover increases before onset of serious bleaching,

cyclones
https://www.aims.gov.au/information-centre/news-and-stories

8 www.npr.org, 2009: Al Gore slips on Arctic ice: Misstates scientist's forecast

9 https://en.wikipedia.org/wiki/Gakkel_Ridge

10 Watts, A., 2008: You ask, I provide. November 2nd, 1922. Arctic Ocean Getting Warm; Seals Vanish and Icebergs Melt. https://wattsupwiththat.com

11 Greenland Ice Sheet Surface Air Temperature Variability: 1840-2007, Box et al, 2009, Journal of Climate, https://doi.org/10.1175/2009JC-LI2816.1

12 Jean-Baptiste, P. and Fourré, E., 2004: Hydrothermal activity on Gakkel Ridge, Nature
https://www.nature.com/articles/428036a

13 스티브 쿠닌, 2022: 지구를 구한다는 거짓말, 박설영 역, 박석순 감수, 한경BP

14 Trenberth, K. and Zhang, R. 2019: The Climate Data Guide: Atlantic Multi-decadal Oscillation(AMO). NCAR—Climate Data Guide, https://climatedataguide.ucar.edu

15 Bagla, P., 2009: Himalayan glaciers melting deadline 'a mistake', BBC
http://news.bbc.co.uk/2/hi/8387737.stm

16 Brown, H., 2022: Melting Swiss glaciers reveal ancient hiking path not seen for over 2,000 years, https://www.euronews.com/green/2022/09/13/melting-swiss-glaciers-reveal-ancient-hiking-path-not-seen-for-over-2000-years

17 Nolan, S., 2013: Ancient forest revealed 1,000 years after being 'entombed' in gravel as Alaskan glacier melts, https://www.dailymail.co.uk/sciencetech

18 Jones, L., 2019: This mysterious Arctic tree stump could reveal ancient secrets
https://macleans.ca/news/

19 Brown, T., 2025: Melting ice reveals millennia old forest buried in the rocky mountains
https://www.newscientist.com/article/

20 McFall-Johnsen, M., 2025: Archaeologists are finding mysterious ancient objects on Norway's melting glaciers. Take a look
https://www.businessinsider.com/

4부 - 18장

1 박석순, 2025: 트럼프는 왜 기후협약을 탈퇴했나? 미국의 새로운 기후에너지 정책, 세상바로보기

2 데이비드 크레이그, 2023: 기후 위기는 중국의 비밀 병기, 에포크타임스
https://www.epochtimes.kr/2023/05/647782.html

3 Energy Central 25 February 2014

4 US Department of Energy, Quadrennial Technology Review, 2015

5 Guardian 15 March 2021: The race to zero: can America reach net-zero emissions by 2050?
https://www.theguardian.com/us-news

6 Frick, W. F. et al., 2017: Fatalities at wind turbines may threaten population viability of migratory bat. Biol. Conserv. 209, 172-177

7 Kleiber. C., 2009: Modern Wind Turbines Generate Dangerously "Dirty" Electricity
https://canadafreepress.com/article

8 Adomaitis, N., 2020: Norway to slow down onshore wind power developments, Reuters

9 Leonard, A., 2009: Solar's hidden poison. The Australian Business Review

10 박석순·데이비드 크레이그, 2023: 기후 종말론: 인류사 최대 사기극을 폭로한다, 어문학사

11 https://www.youtube.com/watch?v=fjoPBMtSxpU&t=1978s

녹색주의 비판론
녹색주의자들은 어떻게 인류 문명을 파괴하나?

초판 1쇄 발행일 2025년 4월 10일

원저자 이안 플리머
편 역 박석순

펴낸이 박영희
편 집 조은별
디자인 김수현
마케팅 김유미
인쇄 · 제본 AP프린팅

펴낸곳 도서출판 어문학사
주 소 서울특별시 도봉구 해등로 357 나너울카운티 1층
대표전화 02-998-0094 **편집부1** 02-998-2267 **편집부2** 02-998-2269
홈페이지 www.amhbook.com
e-mail am@amhbook.com
등 록 2004년 7월 26일 제2009-2호

X(트위터) @with_amhbook
인스타그램 amhbook
페이스북 www.facebook.com/amhbook
블로그 blog.naver.com/amhbook

ISBN 979-11-6905-043-2(03450)
정 가 16,000원